オーストラリア大陸縦断
3000kmの挑戦

世界最速のソーラーカー

東海大学チャレンジセンター編

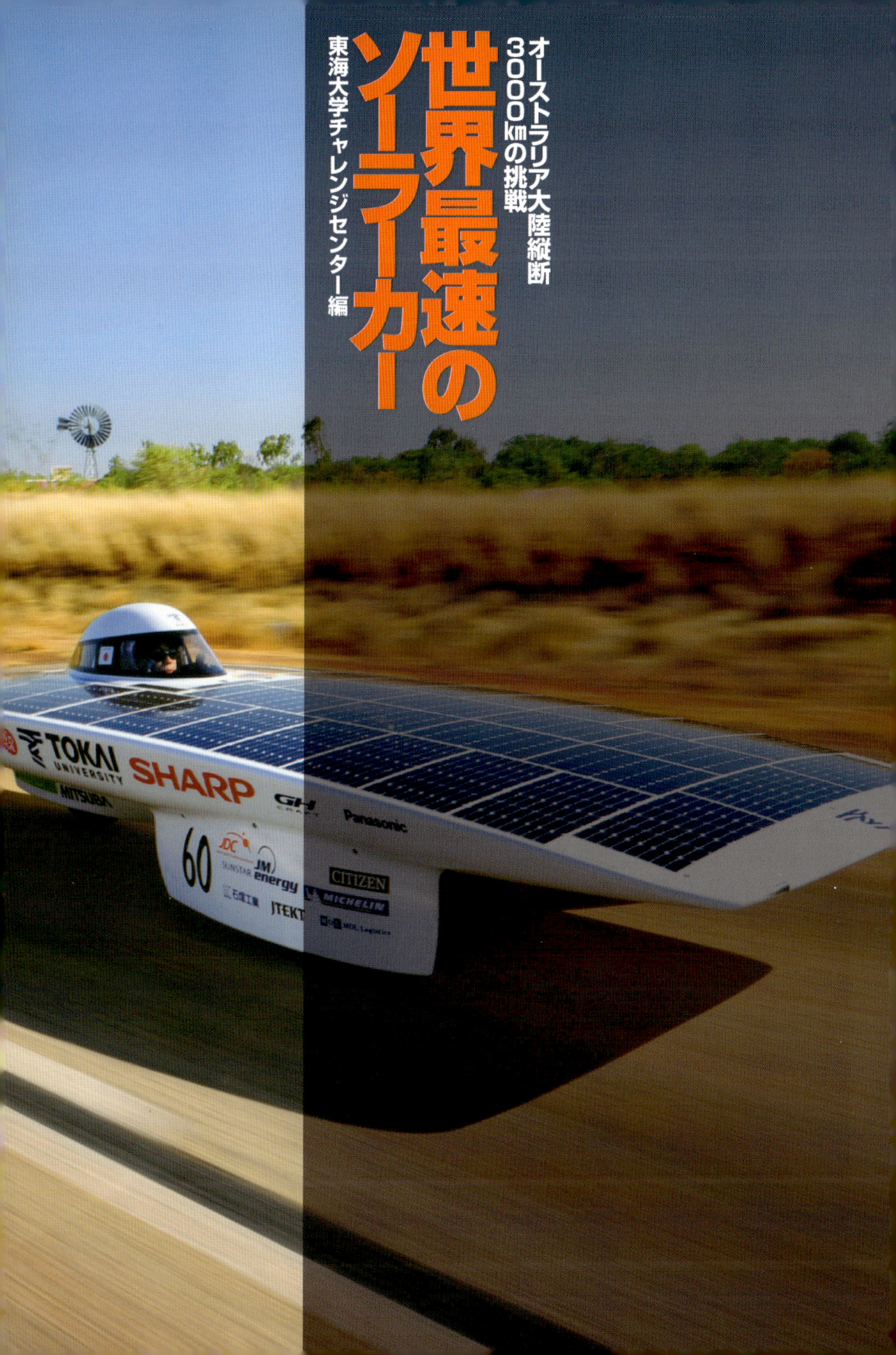

多くのギャラリーに囲まれて、オーストラリア・ダーウィンの議事堂前をスタートする「東海チャレンジャー」。3021キロに及ぶ戦いが始まった

各チームのマシンがスタートの時を待つ。チームカラーの青のユニフォームをまとったメンバーの周りには、多くのファンや報道陣が集まっている

市街地に入れば一般車両や路線バスとも並んで走る。ドライバーは一瞬も気を抜けない

砂あらしの中を果敢に前進する。このときの判断が優勝へのカギとなった

地平線を越え、赤土の大地を駆け抜ける「東海チャレンジャー」。学生たちの熱意と、協力を受けた企業の高い技術力が結集したマシンだ

オーストラリアを南北に貫くスチュアートハイウェイ。遮るもののない広大な大地がどこまでも続く。ただし「牛に注意」

WARNING
ANIMALS ON ROAD
牛に注意
TIERE AM WEG

真っ白に輝く太陽が、マシンとメンバーを照らす。
オーストラリアの日差しは強く、日焼け止めを塗らなければわずか数分で肌が真っ赤になる

日没までは太陽電池の充電が認められている。太陽の出ている方角に向けて充電用の台を固定するが、少しでも多く電力を蓄えようと太陽の動きに合わせて角度を調整していく

ドライバーらと今後のルートについて検討する木村英樹教授（右）。コースの特徴や天候予想などの情報共有は、レースを戦う上で欠かすことはできない

プロのラリードライバーである篠塚建次郎（左）のアドバイスを受けながらマシンを調整する

レース中は絶えず指令車がマシンの後ろを走り、マシンから送られてくるデータなどをもとに走行の指示を出す

アデレード市中心部のビクトリアスクウェアに設けられたセレモニーゴール。マシンとともに戦ったメンバーや報道陣が「東海チャレンジャー」を迎えた

セレモニーゴールでの記念撮影。優勝チームは次回の大会に招待される。再び世界一をつかむべく東海大チームの戦いは続く

日本から持ってきたスパークリング純米大吟醸酒でシャンパンファイト。勝利の喜びが爆発した

ゴール地点の噴水で優勝の喜びをライバルチームのメンバーらと分かち合う

オーストラリア大陸縦断
3000㎞の挑戦

世界最速のソーラーカー

東海大学チャレンジセンター編

はじめに

最近、日本にはチャレンジする人が少ないように思う。
すでに高い水準にあるものを、さらに高めようとすることに挫折しているのか？
それとも人と人とのあつれきがきつくなる中で、初めから無理だとあきらめているのか？

高度に発展した科学技術は、かつては夢の技術とまでいわれた携帯電話や薄型テレビなどを次々と現実のものとして、もはやこれ以上のものは必要とされないのではないかと思えるほどにまで人々の生活水準を引き上げた。その弊害といえるのかもしれないが、コンピューターの進化によって、作業効率を高めるために無機質な端末と向き合う時間も長くなってきた。機械の一部に組み込まれたような仕事は、本来の人間らしい活動から乖離しつつあるように思える。その上、発展を支えてきた石油も枯渇するといわれ、地球温暖化も止まりそうにない……。世界中で景気が悪いこともあって日本全体の閉塞感も強く、まるで終末期を迎えたような状況である。

ヒトはもともとチャレンジする生物であった。いや、生物そのものがチャレンジする性質を生まれながらに持っていたのかもしれない。バクテリアのようなものがプランクトンになり、やがて魚類、両生類、爬虫類、鳥類、哺乳類と、新天地を求めて環境に順応し、生き残りをかけたチャレンジ＝進化を繰り返してきた。その頂点にいるヒトは、火を使いこなし、言葉を交わし、ものを作り、文字を残し、音楽を奏でるといったさまざまな能力を、日々のチャレンジの中で身につけ、発展させてきた。だからこそ、今だって、誰だって、チャレンジできるのである。

「大きなチャレンジは、いきなり達成することはできない。日々の小さなチャレンジの積み重ねが大きなチャレンジにつながる」

偉業を成し遂げた多くの先人たちが、自らを振り返ったときに出てくるのがこのフレーズである。誤解してほしくはないのだが、コツコツと努力せよといいたいのではない。何かに取り組む際には、壁にぶつかったり、急な坂道に出くわしたりすることが多々ある。それを突破しなくてはならなくなったときには、そのときに発生するプレッシャーを感じながらも、少しずつ乗り越えていけばいいのである。「チャレンジすることは楽しい」ことなのだ。

今回、本書で取り上げられる世界最速のソーラーカー物語は、決して学生たちだけで成し遂げられたものではない。これまでに先人や協力者たちによって積み上げられた技術やノウハウなどが蓄積され、一気に開花したものだ。とはいえ、過酷な環境にさらされた学生たちやそれを支える人たちのチャレンジを、ぜひ多くの人に知ってほしいと思う。

チャレンジできる分野はたくさんある。この本を読んでいただき、少しでも元気になって、何かにチャレンジしてくれる仲間が増えてくれたら幸いである。

東海大学チャレンジセンター次長（工学部教授）　木村英樹

目次

第1章

緊迫のレーススタート

2009年10月、世界最高峰のソーラーカー大会、グローバル・グリーン・チャレンジがスタートした。その8日前、東海大学チームがスタート地点のダーウィンに入る。だがこのとき、参戦マシン「東海チャレンジャー」はまだ完成していなかった……。相次ぐトラブルに苦しめながらも試行錯誤を続けるメンバーたち。刻々と迫るタイムリミット。学生たちのぎりぎりの戦いが始まった。

熱く長い戦いの始まり

10月25日の朝。オーストラリア北部のノーザンテリトリー（北部準州）の州都、ダーウィンは2年に1度のイベントに沸き返っていた。雲一つない空には真っ白な太陽が輝いている。日差しは強く、立っているだけで汗が自然と噴き出してくるほど暑い。午前8時、気温はすでに摂氏30度を超えていた。

街の西端にある議事堂前の広場には、朝から多くの市民が集まっていた。世界最高峰のソーラーカー大会、グローバル・グリーン・チャレンジ（GGC）のソーラーカー部門のスタートを心待ちにしている人々だった。観客の目の前には、世界13カ国から集まってきた32チームのソーラーカーが並んでいる。曲線が美しい白いマシンやダンゴムシのような形をしたもの、昔の軽飛行機のような形をしたものなどさまざまだ。地元オーストラリアをはじめ世界各国から集まった報道陣も、ビデオカメラやメモ帳を片手に各チームを取材している。

その中に、日本から参戦した東海大学チャレンジセンター・ライトパワープロジェクトのマシン「東海チャレンジャー」の姿があった。純白のボディに太陽電池パネルが黒く輝くマシンの周囲では、学生を中心とした19人のメンバーが、プロジェクトアドバイザーとしてチームを率いる木村英樹教授（工学部電気電子工学科）の指揮のもと最後の調整に余念がない。

「太陽電池パネルの電源入っています！」「電気回路の電流は？」「今チェックしています！」

メンバーの緊迫した声が響き合う。どの顔も真剣そのものだ。スタートをひと目見ようと集まった観客や報道陣がマシンを興味深そうに眺めているが、見学者に気を配るメンバーは誰もいない。「スタートに向けて完璧な状態にしたい」。その一心で作業に集中しているのだ。

スタート15分前。大会運営スタッフが「スタート地点に並んで下さい」と各チームに声をかけていく。その声を聞き、会場に詰めかけた観客もスタート地点となる議事堂正面前に移動。各チームもマシンを運び始めた。大会運営スタッフは東海大学チームにも同じように声をかけたが、整備に夢中で誰も気がつかない。「スタートに間に合わなくなるよ！」と、もう一度大きな声で注意され、ようやく皆が手を止めた。手元の時計を見るとスタートまで10分を切っている。メンバーらは大急ぎでマシンを運ぶ。

スタート地点には、前日に行われた予選の成績順に32台のソーラーカーが並んでいる。先頭はオーストラリアの社会人エンジニアチーム、オーロラのマシン。2番手にドイツのボーフム大学、3番手にはオランダのデルフト工科大学のマシンが続く。

その後ろ4番手に、東海大チームのマシン「東海チャレンジャー」が陣取っている。操縦席に座っているのはドライバーの佐川耕平。東海大学の学生だったころからライトパワープロジェクトで活動し、2007年に大学院工学研究科を修了した佐川は今回、後輩たちをサポートするためチームに参加。ドライバー兼特別アドバイザーとしてオーストラリア遠征にも同行した。

「いよいよレースが始まる――」。そう思うと、ハンドルを握る佐川の気持ちはいやが上にも高ぶっていった。いつの間にか議事堂前で行われていたスタート前のセレモニーも終盤にさしかかり、オーストラリア国歌が演奏されていた。

8時30分。スタート地点に設置された時計のデジタル数字が切り替わった。と同時に、オーロラのマシンがゆっくりと動き出す。観客からは一斉に歓声が上がる。続いて1分後、ボーフム大のマシンが、さらにその1分後にデルフト工科大のマシンがスタートしていく。そして8時33分。いよいよ順番だ。佐川がゆっくりとアクセルを踏み込むと、マシンはモーター音と電気回路から流れる高い音が入り交じった独特のサウンドを奏でて、滑るように動き出す。

東海大チームの熱く長い戦いが始まった。

世界の強豪チームと競う

オーストラリア北部のダーウィン市内から国道スチュアートハイウェイを走り、南部のアデレード市内まで3021キロを縦断するグローバル・グリーン・チャレンジ。大会には、オーストラリア最大の総合科学研究機関である連邦科学技術研究機構、ノーザンテリトリー政府、サウスオーストラリア州政府などが協力。世界各国から集まったボランティアがスタッフとして大会運営に携わっているのも特徴だ。過去の優勝チームにはアメリカのゼネラルモーターズや日本のホンダなど、そうそうたる大企業の名前が並ぶ。この大会は世界各国の企業が最先端の環境技術を競い、さらなる技術発展につなげる場でもあるのだ。近年では大学チームの参戦が多く、どのチー

世界最高峰のエコカーレース
グローバル・グリーン・チャレンジ

グローバル・グリーン・チャレンジ（GGC）は、オーストラリア北部のダーウィンから南部のアデレードまで、3021キロを縦断するエコカーの世界大会。

1987年に始まったワールド・ソーラー・チャレンジが前身で、99年からは2年に1度開催されている。第10回を迎える今大会からGGCに名称を改め、ソーラーカー部門のほかに電気自動車・ハイブリッド車や燃料電池車が競うエコカー部門が設けられた。砂漠地帯という厳しい条件の中、世界各国の環境技術の粋を集めたマシンが競うことから、「世界最高峰のエコカーレース」とも称される。

2009年10月24日から31日まで行われた今大会には、13カ国32チームが参戦。東海大学チームは93年から01年にかけて過去3度の出場経験があり、01年の13位が最高だった。なお99年大会には東海大学付属翔洋高校チームも出場、13位でゴールしている。

ムも各国の太陽光発電技術やエコカー技術を代表する企業から支援を受けている。

前評判では、今大会の優勝候補は3チーム。その筆頭がオランダのデルフト工科大チームだ。前回大会まで4連覇を果たしており、オランダのエネルギー産業をけん引する大企業の一つであるヌオンや宇宙用太陽電池メーカーのアズールスペースなどから支援を受けて出場した。

続いてベルギーのユミコアチームとアメリカのミシガン大学チームが並ぶ。ユミコアチームはベルギーを代表するマテリアルメーカー・ユミコアから太陽電池の提供を受け、フォン・カルマン研究所の学生が結成したチームで、前回大会ではデルフト工科大チームに次いで2位に入っている。ミシガン大チームは、世界を代表する自動車メーカーであるゼネラルモーターズやフォード・モーター・カンパニーなどの支援を受けて参戦。学生150人からなる大規模チームで大会初優勝を狙う。日本からは東海大学、大阪産業大学、呉港高校の3チームが参戦した。

東海大チームは、ものづくりを通してエネルギー・地球環境問題の克服に貢献することを目的に活動しているライトパワープロジェクトの学生メンバーが中心だ。同プロジェクトは、学生の「集い、挑み、成し遂げる」力を培うこと目的に、学生が自由な発想で企画立案した多彩な活動を支援している東海大学チャレンジセンターのプロジェクトの一つ。プロジェクトアドバイザーを務める木村教授らのもと、学生約70人がソーラーカー班、電気自動車班、人力飛行機班の3つのグループに分かれて活動。国内外のレースへの参戦や自然エネルギー技術についての啓発活動などを展開している。中でもソーラーカー班と電気自動車班は、日本のトップチームが集う電気自動車の国内大会ワールド・エコノ・ムーブで06年から08年まで3連覇、さらに08年に南アフリカで行われた国際自動車連盟公認の世界大会サウス・アフリカン・ソーラー・チャレンジでも優勝するなど、多くの実績を積んでいる。

今回の大会に向けては、このうちソーラーカー班と電気自動車班に所属する学生を中心にチームを結成。チームマネジャーの竹内豪（工学部3年）のもと、車体の設計や製作を行う車体班と電気回路を担当する電気班などに分かれ、08年12月から大会参戦のための新車「東海チャレンジャー」の設計や製作に取り組んできた。チームのチャレンジには、さまざまな分野のトップメーカーもサポート。特に、シャープからは宇宙用の高性能な太陽電池、パナソニックからはバッテリー用に最新のリチウムイオン電池が提供されている。そしてモーターは、木村教授がミツバなどとともに開発した世界トップクラスのブラシレスDCダイレクトドライブモーターを搭載した。

チーム編成は、木村教授と学生メンバーのほか、ヤマハ発動機に勤めている池上敦哉がテクニカルディレクターとして参加。またドライバー兼特別アドバイザーとして、東海大学の卒業生でパリダカールラリーの優勝経験を持つラリードライバーの篠塚建次郎（１９７１年工学部卒）や、同じく卒業生で現在は富士重工業に勤務する佐川耕平らも参加、総勢19人で大会に臨んでいる。

ハプニング続出！　レースに間に合うか？

スタート8日前の10月17日、東海大チームはダーウィン市内にあるトヨタ自動車の現地法人、トヨタ・モーター・コーポレーション・オーストラリアの整備工場に集結した。

「レースまであと1週間。限られた時間だけれど、悔いを残さないよう準備をしていこう」

この日の夕方、工場の作業場に並んだメンバーを見渡しながら木村教授が声をかけた。メンバーたちが大きくうなずく。頭の中はすでに、これからやるべき作業でいっぱいになっていた。

「実はこのとき、肝心のマシンがまだ完成していなかった。7月に始めた車体の製作がスケジュール通りに進まなかったため、車体班はオーストラリアに着いてから部品の仕上げと修正をしなければならない状況に直面していました。もっと追い詰められていたのが電気班です。電気回路を車体に取りつけたのが出発直前だったため、全くといっていいほど調整ができていなかった。『不安だけれどやるしかない』というのが全員の本音でした」と、のちに竹内は振り返る。

このころ、ライバルチームも続々とダーウィンに集まり、市内のガレージなどを借りてマシンの最終調整を始めていた。通りの商店やホテルなどではさまざまな国の言葉が飛び交い、ダーウィンの街はおそろいのシャツやユニフォームを着た若者たちでにぎやかになっていた。各チームは大会のために郊外に用意されたテスト用の公道を使いながらマシンの完成度を高め、レース直前の23日と24日の公式車検に備えていた。車検ではマシンの安全性や大会規定に適合しているかがチェックされ、レースに参加できるかどうかが最終的に判断される。

そのため、各チームにとってはその日が一つの大きな目標となっていた。さらに24日には、市内にあるヒドゥン・バレー・サーキットでスタート順位を決める予選も行われる。レースがスタートする運命の25日に向けた戦いは、すでに始まっていた。

ダーウィンにメンバーが集結した翌日から、東海大チームは車体班、電気班などに分かれて作業を開始した。
チームの一日は午前8時のミーティングから始まる。チームマネジャーの竹内からチーム全体の予定が発表され、その後、各班に分かれて作業に取りかかる。整備工場脇の事務所にあるキッチンで昼食や夕食を取りながら午後8時ごろまで作業を続け、夜のミーティングののち解散。一日の作業が終わった者から、宿舎となっている市内のホテルに帰って休むことになっていた。だが、メンバーがホテルで寝たのは2日目までだった。作業の遅れを取り戻したいと、ホテルに帰る時間も惜しくなり、工場内でそのまま夜を明かすようになっていったのだ。

特に車体班と電気班は、オーストラリアという慣れない土地にも苦しめられる。日本で作業しているときとは違い、急に必要な工具や部品が出てもすぐには購入することができない。しかも費用などの関係から、手持ちのスペア用部品の数も限られている。ほとんどの課題を手元にある部品や工具だけを使って対処しなければならないという状況に置かれていた。

それでも車体班は現地到着直後から、操縦席の風よけとなるキャノピーの製作に着手。日本で作ってきたカーボン製のパーツを組み合わせて仕上げていくのだが、予備のパーツはない。電気回路の部品もほとんどぎりぎりの状態だった。

「工具一つ買うのにも、勝手が分からず何軒もの店を回らなければならない。おまけに電気回路部品の中にはオーストラリアでは手に入らないものもあるため、壊したら最後。プレッシャーは大きいですよ」と電気班の柳祐市郎（工学部2年）は、嘆きながらもほかのメンバーらと試行錯誤を繰り返し、こつこつと作業に取りかかっていった。

ブレーキランプの配線やハンドルの調整、バッテリーの配線、レースに向けたセッティングなど、やるべきことはたくさんあった。その一つひとつを皆で手分けをしてクリアしていき、20日には公道でテスト走行するための車検を大会事務局に申請。ノーザンテリトリー陸運局の職員からブレーキやウィンカー、クラクションなどの動作チェックを受けて、公道での走行が許可されるまでにようやくこぎつけた。

「やっと公道を走ることができる」。メンバーにも作業開始以来、初めての安堵感が漂った。

太陽電池が発電しない！

だが翌日の朝、悲壮感がチームを襲う。テスト走行直前、太陽電池パネルが発電しないというトラブルに見舞われてしまったのだ。前日に行った発電テストでは異常なく動いていただけに、チーム内に落胆といらだちが広がる。

「今まで動いていたのに、なんでこのタイミングで動かなくなるんだ！」

それまでの張り詰めていた気持ちがプツンと切れ、「電気班の連中は何をやっているんだ」「あいつらに任せていては駄目だ」という不信感を口にする者もいた。限られた時間と環境の中での作業は、チームから相手を思いやる心の余裕も奪っていたのだ。電気班は、唇をかみしめたままじっとうつむいていた。

ダーウィン市郊外に設けられたテストコースでの試走。ここで集まったデータなどをもとにマシンの改良を進めていった

手作りの作業台で部品を調整する。日本とは勝手の違う環境に苦しみながらも、メンバーは奮闘していた

タイヤカバーを仕上げていく車体班。1ミリの誤差も許されないほどの正確さが求められる細かい作業が続く

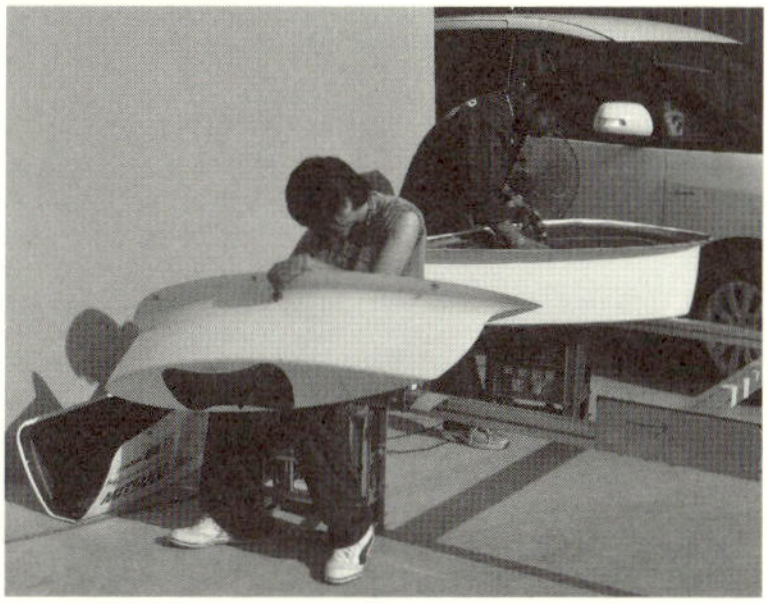

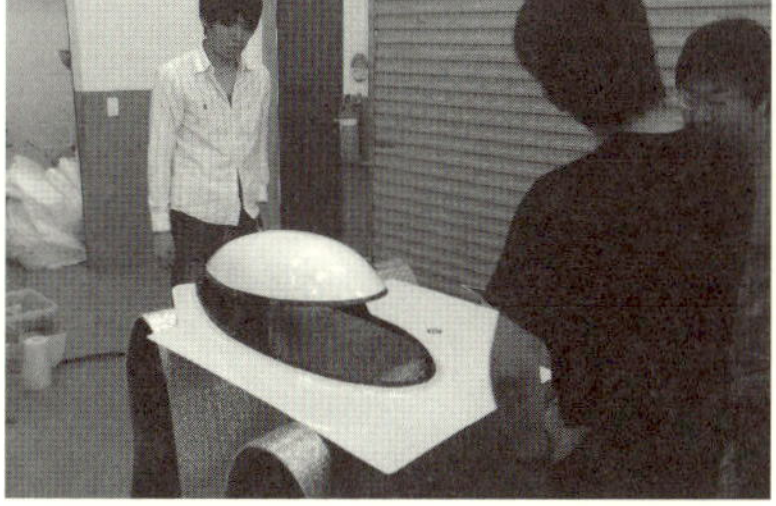

運転席の風よけとなるキャノピーも、ダーウィンに入ってから完成した

「せっかくここまで頑張ってきたんじゃないか。気持ちを切り替えて、やれるだけの手を尽くそう」。バラバラになった皆の気持ちを替えたのは、メンバーがつぶやいたひと言だった。

「とにかくこのままではいけない！」。電気班は電気回路の設計図面を広げて問題点の検討を始めた。木村教授とともに太陽電池とバッテリーをつなぐ配線や回路をしらみつぶしにチェック。解決につながりそうなアイデアが浮かべば、すぐに試して確認する。迷路の中をさまよい歩くような試行錯誤が続く。明るかった空はいつしか真っ暗になっていた。

その間、ほかのメンバーも経過を気にしながら作業を続けていた。「直すことができるのは開発に携わった電気班のメンバーだけ。何とか解決してくれ」。祈るような思いだった。

時計の針が午前3時を指したころだった。

「過充電を抑えるための発電停止回路が誤動作しているんだ！」。メンバーの一人が叫ぶ。ようやくたどり着いたトラブルのもとは、バッテリーが満タンになったときに過充電してしまわないよう保護するための回路にあった。わずか数センチ四方の部品の中にある回路。その配線にハンダごてを当てて修理を開始する。動作テストが終わったときには、再び空が明るくなり始めていた。電気班のメンバーは、そのまま倒れ込むようにガレージの床で寝てしまう。

しかしその顔には、自分たちの力でやり遂げた満足感があふれていた……。

翌21日の公道テストでは、瞬間的に２０００ワットの発電量を記録。時速１００キロで走行したときの消費電力が想定していたよりも少ないことを確認するなど、上々の成果を収めた。しかし、だからといって万全の準備が整ったわけではない。公道テスト後も、次々と課題が見つかっていく。

「本当にスタートに間に合うのか?」

迫りくる期日に向けての不安や不信感と戦いつつ作業をするのは辛かったが、一方で急速にチームは成長していった。一つひとつの課題を少しずつだが確実に解決していくことで、メンバー全員に責任感と忍耐力が生まれてきたのだ。卒業生として学生たちとともに作業をしていた佐川は、「日本にいたころは作業の優先順位をつけられず、目の前の作業に夢中になってしまったり、失敗を恐れるあまり誰かが指示をしてくれるのを待ってしまうメンバーも多かった。でも、彼らはオーストラリアに来てから変わりました。それぞれが自分で考えて動くようになっていった」と評価する。

各班に芽生えた意識は、あっという間にチーム全体に広がっていった。ミーティングは全体の進行状況を共有する場となり、手の空いた者はほかのメンバーに声をかけて作業を手伝うようにもなっていた。

「それぞれの役割をしっかり果たしていく」——これがチームの合言葉になっていった。

運命の車検と予選

10月23日、公式車検の日。晴れ渡る空の下、会場となるダーウィン近郊のフォスキー・パビリオンに各チームのマシンが集まっていた。

車検はマシンのサイズや重さを計測したのち、安全性テストへと進む。大会運営スタッフが一つひとつチェックしていく様子を、メンバーはかたずをのんで見守る。操縦席の背もたれの角度は27度以上でなければならず、非常時に備えてドライバーが15秒以内に脱出できなければならない。マシンの性能を左右するバッテリーのチェックは特に厳重だ。東海大チームもバッテリーを保護する回路の一部を修正するよう指示されたが、その場で修理をして事なきを得る。そして無事に車検が終了。これで24日の予選に進むことができる。

「もし車検に通らなかったらと思うと不安で、チェックを受けている間はずっと緊張していました。これでレースに出場できる。ホッとしました」と、竹内は胸をなで下ろした。

車検終了後にはそのまま予選の会場となるヒドゥン・バレー・サーキットに移動し、チームにあてがわれたピットへ。予選でドライバーを務める篠塚がハンドルを握り、コースの走行練習と各部品の作動テストを実施した。

サーキットには参加32チームのほとんどが集まっており、それぞれがマシンの最終調整やテストを繰り返している。作業の合間には、ライバルチームのピットを訪問し合う。東海大チームのピットにもデルフト工科大やミシガン大のほか、イギリスのケンブリッジ大学から参戦したチームの学生らがのぞきにやってきた。

興味深そうにマシンを見学する彼らに、メンバーらは慣れない英語に戸惑いながらも懸命に応対。太陽電池をはじめ、サスペンションやタイヤ、モーターといった足回りなどについての情報を交換していた。

「国内のレースだと、速いチームのマシンはコンセプトや作り方が比較的似ているけれど、ここに集まっているマシンはそれぞれが特徴を持っているので本当に面白い。今までは写真でしか知らなかったライバルチームのマシンを、目の前で見学できるし、直接質問することもできる。やはりインターネット上のものと実物とでは大違いですよね」と興奮気味に語るメンバーたち。これまで整備工場に閉じこもって作業をしてきた彼らにとっては、つかの間の国際交流が憩いのひとときとなった。

そして翌日の予選。東海大チームは2分7秒のタイムをたたき出して4位に入る。

「チームの実力が証明されたことが何よりうれしい。みんなで作り上げてきたマシンだ。スタートまで残された時間はわずかだが、できる限り完成度を上げていきたい」。学生たちを指導してきた木村教授は決意を新たにした。

だがこの時点で、東海大チームはもう一つ大きな問題を抱えていた。今回の大会に向けて開発したテレメトリーシステムが正常に機能していなかったのだ。このシステムはマシンの発電量や電力消費量、スピードなどを計測して、後方を走る指令車のコンピューターにそのデータを無線でリアルタイムに送るもの。指令車では送られてきたデータをもとに、刻々と変わるレース展開やコース状況に対応しながら戦略を立て、ドライバーに速度などの指示を出す。それが壊れていれば、ドライバーの判断のみでレースを戦わなければならない。レースの行方を左右する重要なこのシステムが、正確なデータを送信できないでいたのだ。

ヒドゥン・バレー・サーキットを駆け抜ける「東海チャレンジャー」

予選が終わった後も、テレメトリーシステムなどを調整しようとテストを重ねていった

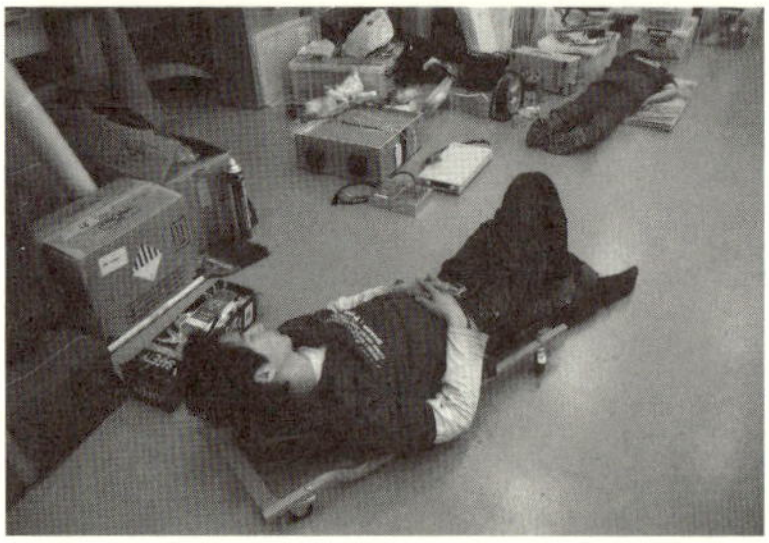

ガレージの床で眠る。ベッド代わりは車体整備用の台車だ

レース前日のミーティング。いよいよ始まる本番に向け、チームの士気は一段と高まった

オーストラリアに入ってから、メンバーは必死で原因を探っていた。何度も何度も回路の設計図を見直し、テストを繰り返していくのだが、正確なデータを送れない原因がまるで分からない。イライラと疲労ばかりが蓄積されていく。

「あきらめるのは簡単だけど、それは絶対に嫌だ。僕らを支えていたのは、このシステムが動けば必ずレースで役に立つ、何とかして直したいという一心だった」と電気班の加島武尚（大学院工学研究科2年）は振り返る。

しかし、レーススタートのタイムリミットは刻々と迫っていた。それでもあきらめきれずに原因を探り続けていたメンバーは予選前日、とうとう原因を突き止めた。回路に使っていたＩＣチップが壊れていたのだ。

解決策はただ一つ。わずか数ミリのＩＣチップに配線を2本加えること。しかし、使える工具は市販のハンダごてだけ。失敗すればチップは完全に壊れ、テレメトリーシステムは使えなくなってしまう。

「いちかばちかやるしかない」

皆が見守る中、メンバーの一人がハンダごてを片手に作業を始める。先端の温度は数百度を超えており、狙いが外れればその瞬間にＩＣチップは壊れてしまう。額には汗がにじみ、息をする余裕もなくなっている。震えそうになる手を押さえながらの作業は、永遠に続くかのようにも感じられる――。

たった2本の配線。これにチームの運命がすべてかかっている。

手に汗握るハンダづけが終わった。皆が一斉に息を吐く。午後8時を回り、メンバーはテストをするために整備工場の外にある駐車場へ急いだ。空には南十字星が輝いている。懐中電灯を使ってパソコンを照らしながら、テレメトリーシステムから送られてくるデータを待った。

マシンが走り出す。電力消費量やスピードなどのデータが、パソコンに刻々と送られてくる。

「やったぞ！」

思わずガッツポーズが飛び出す。早速、マシンに搭載されている計測器の値と照合すると、パソコンに記録されたデータにはまだ誤差が残っていたが、ずれ方には一定のパターンがあった。数値のずれはソフトウエアを使ってパソコン上で修正すればいい。ダーウィンに到着してから8日間、疲労や眠気と戦いながら電気班が続けてきた調整にようやくめどがたった。

「途中で投げ出したくなる瞬間は何度もあったけれど、ぎりぎりまで踏ん張って本当によかった。一人じゃできないことだって、あきらめずに皆で知恵を出し合えば解決できるんだ」

充実した笑顔が懐中電灯の明かりに照らし出されている。

レーススタートまでわずか数時間。東海大チームのマシン「東海チャレンジャー」はようやく完成した。

第2章

苦難続きのマシン開発

自分たちで作ったマシンで世界最高峰の舞台を目指そう――。学生たちの挑戦は、2008年12月から始まった。マシン開発には日本の環境技術をリードする企業などもサポート。だが、その道のりは苦難の連続だった。思うように進まない作業へのいらだち、焦り、そしてチーム内の不信感……。そのすべてを乗り越えたとき、チームがようやく一つになった。

設計図を作れ！

来年10月にオーストラリアで行われるグローバル・グリーン・チャレンジ（ＧＧＣ）に出場しよう――。

東海大学チームのＧＧＣ挑戦は２００８年12月、神奈川県平塚市にある東海大学湘南キャンパスの教室から始まった。ライトパワープロジェクトはこの年の秋に、南アフリカで行われた国際大会サウス・アフリカン・ソーラー・チャレンジで優勝。その余韻が冷めやらぬまま開かれた、来年度の活動方針を検討する会議で提案されたのだ。エコカーの研究をしているソーラーカー班と電気自動車班の約30人の学生メンバーが集まっていたが、皆積極的に賛成し、反対する者は誰もいなかった。

それもそのはず。このオーストラリアの大会は、ライトパワープロジェクトにとっていつかは挑戦したいと思っていた夢のレースだったのだ。東海大学では教職員チームが１９９３年から２００１年にかけて３度出場。06年発足のライトパワープロジェクトはその伝統を引き継ぎながら、常にこの大会を目指してきた。07年には、出場に向けて準備を進めていた矢先に、当時使っていたマシンが焼失、やむなく断念した経緯もあった。

目指すはソーラーカー部門のチャレンジクラス。全長５メートル以下、全幅１・８メートル以下、太陽電池パネルの面積が６平方メートルサイズのマシンが対象で、世界の強豪チームが参戦する。トップチームは平均時速90キロ以上で３０２１キロのコースを駆け抜ける。ＧＧＣの中で最も注目を集める花形クラスだ。出場するためには大会規定に沿ったマシンを新造する必要があったが、以前から新しいマシンの製作計画を温めていたので、資金的にもそれは可能だ。

高校時代からソーラーカーにあこがれ、そのために東海大学に入学した竹内豪は、率先してチームマネジャーを引き受けた。

「ソーラーカーのレースは国内外にいろいろあるが、ＧＧＣは格段にレベルが高い。出場しても良い成績が残せるか不安もあるけれど、みんなで協力し合い、このチャンスに挑もう」

高鳴る胸の内を抑え、竹内はメンバーを前に静かに意気込みを語った。皆の夢の扉が開かれた瞬間だった。

メンバーらは早速、電気回路や計測機器を開発する電気班、マシンの車体設計や製造を担当する車体班などを編成しチームを結成。参戦に向けた準備をスタートさせた。

幸い、電気回路を開発する電気班には、高校時代に電気自動車を開発した経験を持つ学生がそろっていた。ソーラーカーは電気自動車と共通する部品が多く、これまでの経験やノウハウを生かすこともできる。

一方で、車体の開発を担う車体班は、最初から大きな壁にぶつかってしまった。実はこのとき、車体班にはソーラーカーを設計段階から開発したことのある者が一人もいなかったのだ。しかも工業製品の設計には３ＤＣＡＤというソフトウエアが多く使われているが、それを使いこなせる者すらいなかった。「まずは基礎から始めよう」。大学のコンピューター室にこもり、参考書やインターネットを参考にしながら3DCADの使い方を覚えるところから始まった。

電気班が比較的スムーズに作業を進める中、車体班がようやく設計図作りに着手したのはレース8カ月前の09年2月上旬。だが、彼らはここで大きなミスを犯してしまう。

通常、車体の設計は目標となるレース規定や過去の出場チームの分析などをもとに全体のコンセプトを決め、それに基づいて各パーツを設計していく。しかしメンバーらはその逆の手順を取り、全体のコンセプトを考えるのを後回しにして、ボディや足回りといったパーツの設計を分担して進めていったのだ。限られた時間の中で、効率良く作業を進めようと焦った結果の誤った判断だった。

木の幹の太さや高さを考えずに、その枝葉だけをイメージしていくような作業がうまくいくはずがなかった。未熟なりにも一人ひとりが試行錯誤を重ねて何とか各部の設計図を作っていったが、全体の形がうまくまとまらない。暗闇の中でもがくような日々が続いた。ゼロからものを作る難しさが、メンバーの前に大きく立ちふさがっていた。

「このままでは駄目だ。とりあえず前回大会に参加したチームの車体を研究してみよう」

皆でそう話し合ったときには、すでに2月も中旬を過ぎていた。

本当にマシンを作ることができるのか——あこがれのレース参戦はまだまだ遠い夢物語。不安を抱えながら苦悩する日々が続いた。

強力なアドバイザーの出現

「車体の設計について専門家からアドバイスをもらえないでしょうか」

2月下旬のある日、車体班のメンバーらは意を決して木村英樹教授に相談する。

「本来ならば、自分たちのマシンはすべて自分たちの手で作るべき。でも、このまま作業を続けてレースに間に合わなくなってしまっては取り返しがつかなくなる……」。現状を打開するためにも専門家のサポートがほしい、と考えたのだ。

意外な提案に驚いた木村教授だったが、旧知の友人で、ソーラーカーや電気自動車設計の第一人者でもある池上敦哉にサポートを願おうと提案する。経験豊富なプロから指導を受けることで、より実践的な力をつける絶好の機会にもなると考えたのだ。

池上は学生時代からソーラーカーレースに携わり、GGCの前身であるワールド・ソーラー・チャレンジにも何度か出場している。15年ほど前からの知り合いである木村教授とは、「いつかはGGCで優勝しよう」と語り合う仲だった。現在もヤマハ発動機に勤務する傍ら、「ゼロ to ダーウィン・プロジェクト」というチームの主宰者としてエコカーレースで活躍。東海大チームのメンバーともレースなどを通して以前から交流があった。

こうして2月末、テクニカルディレクターに就任した池上が湘南キャンパスを訪れた。車体班がそれまで作ってきた設計データを池上に手渡し、チェックしてもらうためだ。

数日後、池上からメールが送られてきた。

「マシン全体のコンセプトを練り直すところからやり直そう。まずは手書きでもいいから、みんなが考える〝速くてカッコいいマシン〟のイメージを形にしてみてくれ」

自分たちがこれまで作ってきた設計も少しは認めてもらえるだろうと期待していた車体班だったが、経験豊富なエンジニアは甘くはなかった。その後も、池上からは前回大会に参戦したチームのデータや参考資料などが続々と送られてくる。メンバーらは、「必要な知識は自分から学びにいかなければ得られない。まずは一歩ずつ考えていこう！」と必死に食らいついていった。

これと前後して、チームOBの佐川耕平と菊田剛広が特別アドバイザーとして加わった。また、南アフリカのレースでもドライバーを務めてくれた東海大OBでラリードライバーの篠塚建次郎が、今回も参加してくれることが決まった。

こうして、学生中心のチームを経験豊富な先輩たちがサポートする体制が固まっていった。

マシンに宇宙用の太陽電池を！

「シャープから高性能な太陽電池が提供されることになったぞ！」

3月中旬、ようやく本格的に車体の設計に取りかかっていたメンバーのもとに、こんな驚くべき情報が伝えられた。

チームはこれまでも電気自動車の開発やソーラーカーの改良を行う際、共同開発や部品提供などの形でさまざまな企業の協力を得てきた。ミツバと共同で開発したブラシレスDCダイレクトドライブモーターや、三島木電子と開発した太陽電池パネルからの電力を効果的にバッテリーに届ける電気回路MPPT（最大電力点追従回路）などは、世界トップレベルの部品として高い評価を得ている。今回のマシン製作でもメンバーは手分けして各企業に協力を要請。太陽電池については、以前にも提供してもらったことのあるシャープに依頼をしていた。

しかし当初チームがシャープに頼んでいたのは、一般的なシリコン製の太陽電池だった。ところがシャープの担当者から、「宇宙用に開発した化合物太陽電池を提供できます。ぜひ使ってみませんか」と持ちかけられたのだ。

シャープが技術の粋を集めて開発した太陽電池のエネルギー変換効率は30％。世界トップレベルの実力を持つ高価なものを提供する代わりとして、同社が進める太陽電池の研究開発に生かすため、レース中の発電量などのデータを報告してほしいというのが要望だった。

「GGCで優勝を争うような海外のトップチームは30％以上の高効率な太陽電池を搭載してくる。大会規定で太陽電池パネルのサイズは6平方《メートル》と決まっているため、変換効率の差はそのままチームの戦力に跳ね返ってくる。もちろん高効率のものが欲しいとは思っていましたが、家庭用とは比べものにならないほど貴重な太陽電池を提供してもらえるとは……」。予想外のうれしい展開に木村教授も驚きを隠せないでいた。

その後、竹内と下崎友大（工学部1年）が交渉を進めていたパナソニックからも、バッテリー用に世界最高の容量を持つリチウムイオン電池の提供が決定。気がつけばマシンの基礎となるパーツはどれも世界最高水準のものばかり。そうなれば、問われるのは車体の性能や各パーツをつなぐ電気回路の実力となる。うれしいニュースに喜びつつも、メンバーらは今まで感じたことのないほどの大きなプレッシャーに包まれていった。

車体製作とメンバー間の葛藤

各パーツが決まっていくのに併せて、車体の設計も急ピッチで進んでいた。

コンセプトは「走っているときに受ける空気の抵抗ができる限り少なく、かつメンテナンスのしやすい車体」。車体の軽さと、作業に不慣れなメンバーが扱っても壊れにくい強度を両立させるため、材料には航空機の機体などにも利用されているＣＦＲＰ（炭素繊維強化プラスチック）を使うことが決まった。全体のデザインや細部の検討は、静岡県に住んでいる池上とメールや電話でやりとりしながら進められていった。

ドライバーが座る操縦席は、ベニヤ板などを使った実物大の模型を製作して何度も調整。他チームのデータなどを参考にブレーキシステムなどの足回りを決めていく。作業に没頭するあまり、気がつけば深夜になっていることもしばしばだった。それでも少しずつ全体像が見えてくるにつれ、メンバーの間に新しいマシンへの期待が高まっていく。

６月末になってようやく主な部品の設計図が完成した。チームでは今回、高速で走るマシンの安全性を重視して、ＣＦＲＰ加工で国内トップレベルの技術を持つジーエイチクラフトに製作協力を依頼していた。できあがった設計図は静岡県御殿場市にある同社の工場に送られ、ボディの型枠作りが始められる。型枠ができると今度は、枠の中に布状の炭素繊維（カーボンクロス）を何層にも重ねていく作業が待っている。少しでも早く製作したいと、メンバーらは授業のない週末を利用して工場に通い詰め、カーボンクロスの貼りつけなどを行った。

そして7月下旬、ボディパーツを作業場所としてチームが普段利用している湘南キャンパスの「ものつくり館」に運び込む。

車体班の山崎貴行（工学部2年）は、「最初は雲をつかむような思いで作業をしていたのですが、設計図ができあがり、部品が形になるにつれて、〝このマシンは僕らのものなんだ〟っていう実感がわいてきました。搬入された部品を見たときは本当にうれしかったですね。太陽電池パネルを貼るアッパーカウルと、操縦席や足回りなどがつくロワーボディを皆で重ねて、〝ソーラーカーだ！〟って歓声を上げてしまいました」と振り返る。

ボディパーツが到着すると同時に、車体の組み立てに取りかかった。CFRPのパーツから無駄な部分を切り取り、強度が足りない部分はさらにカーボンクロスを樹脂で接着して補強。板状のCFRPで作った操縦席をロワーボディに取りつける——。一連の作業は夏の盛りの中、緊張と暑さとの戦いでもあった。

夏休みに入って時間に余裕のできたメンバーらは、池上や菊田の指導を受けながら作業を進めていく。CFRPの加工を初めて経験する者には経験者がサポートに回った。

今、手がけている部品を壊してしまっては、もう一度同じ部品を用意する時間の余裕はない。

池上敦哉（中央）の指導を受けながら、ジーエイチクラフトの工場で作業をする。すべての経験が成長の糧になった

ソーラーカーや電気自動車を製作した経験のあるメンバーが、未経験のメンバーを指導しながらマシンを作っていく

チームの活動拠点、東海大学湘南キャンパスにあるチャレンジセンター「ものつくり館」。ライトパワープロジェクトのほか、ものつくり系プロジェクトがここで活動している

電気班も電気回路の開発と製作を並行して進めていった

補修するにしても、その分スケジュールが遅れてチーム全体に迷惑がかかってしまう。日中、冷房設備のない「ものつくり館」の気温は摂氏40度を超え、熱気がこもる。水を飲んでもすぐに汗になってしまうような暑さに耐えながら、必死で車体を作っていった。

「車体ができあがらなければ、電気班が開発している電気回路のテストもできない。だから少しでも早く完成させたい。気持ちではずっとそう思っていました。だけど現実はそんなに甘くなかった」と車体班の徳田光太（工学部4年）は語る。

作業を進めていくにつれて、部品の削りすぎや切断ミスなどが相次いで発生。1カ所を修理してもすぐ別の場所でミスが起きる。その分スケジュールが遅れ、焦りがさらなるミスを生む。修正箇所を直しているうちに夜が明けてしまうこともしばしばだった。

なかなか次の作業に進めない辛い日々に耐えきれず、「もう部品に触りたくない」と作業に顔を出さなくなってしまうメンバーも出てきた。さらに悪いことに、作業が遅れるにつれてチーム内でのあつれきも増していった。

そのころ電気班では、マシンの走行状態を記録する積算計やテレメトリーシステム、そして三島木電子と共同開発したＭＰＰＴ回路などの開発をほぼ終えていた。あとは車体に取りつけてテストしていくだけ。ところが肝心の車体が一向にできあがらない。半導体などの精密機器を組み合わせて作る電気回路は、完成後の動作テストでさまざまなトラブルが見つかり、本当の意味で大変な時期がやってくる。それが分かっているだけに、車体製作の遅れはそのままメンバー全員のいらだちにつながっていった。

「いったい、いつになったら車体はできるんだよ！」

8月中旬のある日、「ものつくり館」に怒号が響いた。一向に進まない作業にしびれを切らせた電気班のメンバーが、車体班に詰め寄ったのだ。

「俺たちだって一生懸命にやってるんだよ。もう1週間も家に帰ってないんだぞ。だけどできないんだからしょうがないだろ。文句を言うなら手伝えよ」と、車体班がやり返す。

「ばかなこと言うな。僕らだってバッテリーを組んだりウィンカーを作ったり、やらなきゃならないことは山ほどあるんだ。そもそも車体製作は車体班の責任だろうが。これ以上遅れたら許さないからな！」

その場はほかのメンバーが仲裁に入って収まったものの、互いの不信感をぬぐい去れないまま、チーム内でのコミュニケーションは少しずつ減っていった。

「あのころが最悪の日々だった」とチームマネジャーの竹内は振り返る。「全員が目の前の作業に精いっぱいで、チーム全体の状態や進行状況に気を配ることができなくなっていました。後から考えれば、メンバーの考えを共有するためにミーティングを開くなど解決策はあったはずですが、とてもそんな雰囲気ではなかった。本当に危機的な状態だった」

崩壊しそうなチームをかろうじて支えていたのは、遅れ気味ではあったが〝少しずつでも作業が進んでいる〟という現実だった。メンバーらは作業に没頭している間はともに笑い、ときには冗談を言い合うことができた。

8月上旬に操縦席が完成すると、次の作業としてアッパーカウルに太陽電池の配線を通すための穴開けや太陽電池の貼りつけが待っていた。0・2ミリのガラスのような太陽電池は非常に割れやすい。貼りつけ作業は緊張の連続だった。相変わらずミスは絶えなかったが、それでも作業効率は少しずつ良くなっていった。

そして9月6日、約1カ月をかけて作り続けてきたマシンがようやく形になった。組み立て完成にホッと一安心といったところだが、実は電気回路やバッテリーはテープで仮づけしただけで、まだまだ走れる状態ではなかった。

波乱のシェイクダウンテスト

マシンの組み立てが完成した翌日、湘南キャンパスの松前記念館前には多くの報道陣が集まっていた。彼らの視線の先には学生たちの努力と苦労の結晶ともいえるソーラーカーが、熱い日差しを浴びて輝いていた。この日、チームを資金やマネジメントの面でサポートしてきた東海大学チャレンジセンターなどが、レース参戦発表の記者会見を用意してくれた。学生を代表して竹内、そして木村教授とドライバーの篠塚、太陽電池パネルを提供してくれたシャープの濱野稔重代表取締役副社長らが登壇。その他のメンバーも会場脇に整列した。

「海外のライバルチームはどこも強敵です。しかし私たちもできる限りの準備をしてライバルと互角の戦いをしたい。レースでは3位以内の表彰台を目指します」と木村教授が宣言。その後、記念撮影や質問などが相次いで、なかなか会見が終わらない。メンバーの多くは気もそぞろに会見の様子を見守る。「キャノピーやサイドミラーの調整、電気回路の動作テストなど、やるべきことは無数にある……」。気持ちばかりが焦っていた。ようやく会見が終了すると、メンバーは時間を惜しむかのように足早にマシンの調整へと戻っていった。

彼らが時間を気にしていたのは、マシンのためだけではない。大会に出場するためには、オーストラリアへ工具やキャンプ用品などの荷物を送る準備もしなければならなかった。外国にコンテナで荷物を送る場合、輸送する物品を一つひとつ書き上げたリストの添付が義務づけられている。セーフティオフィサーとしてその作業を担当していた渡辺友香里（工学部4年）は、目が回るように忙しく働いていた。

ところが、ここでもトラブルに見舞われる。荷物は商船三井ロジスティクスの協力を得て、横浜港からオーストラリア南部のメルボルンまで船便で輸送することになっていたのだが、利用する予定だった船が台風の影響で予定通りに出発できないことが判明したのだ。

渡辺は、その一報を聞いたとき思わず青ざめてしまった。

「日本からオーストラリアまでコンテナ船で運ぶのには約1カ月かかります。早急に代わりの方法を見つけなければ、マシンが完成してもチームがオーストラリアへ遠征できなくなってしまう。ほかのメンバーたちはマシンの調整で精いっぱい。私一人でやるしかない」

思い詰めた表情で同社の担当者と連絡を取り合う。時間は刻一刻と過ぎていく。何度もやりとりをするうちに、ようやく一つの方法が見つかった。横浜港から上海に運び、船を替えてオーストラリア西部のパースに送る。そこから先は鉄道とトラックを利用してスタート地点のダーウィンまで届ける。綱渡りのような旅程だったが、ほかの案は見つからなかった。

竹内と木村教授に報告し、やっと輸送の手配することができた。「予想もしなかったトラブルで胃が痛くなったけれど、自分の役割をしっかりと果たすことができてよかった。あきらめずにやれば道が開けるんですね」。渡辺は荷物のリストを整理しながら語った。

ほかにも渡航後のホテルの手配をはじめ、スタート地点のダーウィンで拠点となる整備工場やレース中に使用するサポート車の提供を受けるトヨタ自動車との調整などが並行して進められていった。

そして9月20日。秋田県にある日本唯一のソーラーカー専用コース・大潟村ソーラースポーツライン（コース長25キロ）で、マシンのシェイクダウンテストが実施された。

「いよいよマシンが走る」

国内で行う最初で最後の走行テスト――。前日の夜から現地に入り、翌日のテストでは午前10時から走行を開始して、車体と電気回路のチェックや太陽電池パネルの発電量と消費電力などのデータ収集を予定していた。幸いシェイクダウンテスト当日は朝から快晴。期待と不安を抱えつつ、早速コースにマシンを運び作業を始めた。

しかし……。太陽の方角に太陽電池パネルを向けても、バッテリーに電気エネルギーが溜まっていかない。皆で顔を見合わせる。太陽のエネルギーだけで走るソーラーカーにとって致命的ともいえるトラブルに、メンバーらは焦った。原因は太陽電池パネルとバッテリーの間にあるMPPT回路のトラブルだった。しかも故障原因をチェックする過程で、ほかの電気回路も正常に動

湘南キャンパスで開催された参戦発表の記者会見には、多くの報道陣が詰めかけた

記者会見終了後には「東海チャレンジャー」も披露された

大潟村ソーラースポーツラインでのシェイクダウンテストでは、電気回路を中心に多くの課題が見つかった

試走に向けてマシンを調整するメンバーたち。必死の作業で何とか走行できる状態に仕上げていった

いていないことも判明した。「回路の配線などに手間取り、すべての機器を車体に取りつけ終わったのがシェイクダウンテストの前夜。多少のトラブルは起きるだろうと覚悟はしていましたが、それでも半分くらいは動くと期待していた。事態は予想以上に深刻」と、電気班の加島武尚は肩を落とした。

慌てて修理に取りかかったが、ようやく走れる状態になったのは午後1時過ぎ。「時速100キロで安定して走れること」「走行時の消費電力量」、この2点を無事確認したときには、すでに日は傾いていた。数日後、マシンは航空便でメルボルンへ輸送されていく。シェイクダウンテストで見つかったトラブルは、ほとんど解決していなかった。

「本当にこのマシンで戦えるのか?」

秋田から車で帰る道すがら、メンバーはレース本番に向けての不安にさいなまれていた。

さわやかな秋風が吹く10月3日。チームは日本で最後のミーティングを「ものつくり館」で開いた。出発を前に今後のスケジュールなどを確認し合うことが目的だったが、もう一つ大きなテーマが隠されていた。出発前に不安を抱えバラバラになりかけているチームをもう一度一つにまとめる必要があると、木村教授や池上が話し合っていたのだ。会場にはオーストラリアに遠征するメンバーが全員そろっていた。

ミーティングではまず池上が、「今のままではスタートも切れない。やる気のない者はやめてくれ!　本当に大会に参加したいのか?」とメンバーに声をかける。続いて篠塚が「表彰台に向かってみんなで頑張ろう」と呼びかけた。ラリードライバーとして活躍してきた篠塚には一つの信念があった。どれだけ優秀なメカニックが集まっても、チームのメンバー全員が目標を共有できていなければ絶対にレースでは勝てない。その思いを後輩たちにぶつけたのだ。

そのとき、メンバーの一人が口を開いた。

「はっきり言って今の状態ではチームとはいえないよ。みんな不安もあるだろうけど、全員が集まって一つのチームなんだ。もう一度皆で協力し合うことを確認しないか?」

そのひと言をきっかけにほかのメンバーも口を開く。最初は、設計や製作の遅れ、不具合だらけの電気回路への不満の応酬が続いた。睡眠不足の中で戦ってきた日々、皆が抱えてきた思いが一気に噴出していた。その様子を木村教授らはじっと見守っている。だが、次第に話題が「では、この現状をどうやったら解決できるのか?」に移っていった。

「不満をぶつけ合っていく中で、『ほかのメンバーも必死だったんだ』ってことにみんなが気づいたんです。そして自分一人ではマシンを形にすることもできなかったのだと。ずいぶん時間がかかったけれど、このミーティングでようやくメンバーが一つになることができました」。車体班の伊藤樹(工学部2年)はのちに振り返った。気がつけば2時間近くの時間がたっていた。最後には皆で円陣を組み、「目指すは表彰台。もうひと踏ん張り頑張ろう!」と誓い合う。

「残された時間は短い。だが、自分たちにできる限りのことをしよう」。皆がそう思っていた。

翌日の朝、先発隊のメンバーがオーストラリアへと旅立った。

Interview

設計に正解なし。だから面白い

テクニカルディレクター
池上 敦哉

今回の車体で一番こだわったのは、時速100キロで走ったときの空気抵抗をいかに少なくするかです。そのためにまず参考にしたのが、飛行機の翼でした。翼の断面形状は研究し尽くされていますので、これを基本に設計をスタートするのが近道だと考え、まずは学生たちにアイデアを提示したのです。その上で、前回大会で優勝したデルフト工科大学や2位のユミコアのマシンなども分析しながら、細かい部分を詰めていきました。

走行中の空気の流れは、頭の中でイメージするだけでは限界があります。優勝を狙うにはこの部分は最重要なので、勤務先に協力してもらい、コンピューター上で何度も解析して設計に反映させていきました。

性能面では空力が非常に重要ですが、レース中に壊れないことも優勝を狙う絶対条件です。車の扱いに不慣れな学生が整備するため、「少しオー

池上敦哉 いけがみ・あつや

早稲田大学工学部機械工学科卒。1990年の第2回ワールド・ソーラー・チャレンジに、日本の大学チームとして初めて出場した。現在、ヤマハ発動機勤務。日本工学院専門学校の非常勤講師として、電気自動車開発なども教えている。

バーすぎるかな」というくらいの強度を目指しました。軽くて強度のある炭素繊維強化プラスチック（CFRP）を使い、特に足回りは高速走行でも安定性が損なわれることがないよう十分な厚みを持たせてあります。結果的に今大会の出場チームの中で最も軽量でしたが、あと15キロ軽くしたかったですね（笑）。

東海大学としては5年ぶりの新車だったので、学生たちには設計の経験がありませんでした。作り方も知らないので、何から手をつければよいのか悩むことが多かったと思います。もちろん、彼らも大学の授業で機械設計などの基礎は学んでいますが、実際の設計は非常に多くのことを同時に考えて判断していく必要があるのです。軽さや強度、製作コストや作りやすさなど、ときに相反する要素のバランスを取りながら線を引いていくのが設計なのです。そのため、自動車工学や電気電子工学に限らず幅広い知識が必要です。ありったけの知識や経験を総動員してベストのバランスを見つける、それが設計なのです。

何を重視するかでベストの判断は違ってきます。ですから設計に絶対の正解はないのです。いや、正解はたくさんあるっていったほうがいいのかな？（笑）。設計の面白さも、そこにあるんですね。同じ教科書で学ぶにしても、講義で学ぶのと、必要に迫られて学ぶのでは知識が身につくスピードも違います。今まで何台もソーラーカーを設計してきた私でも、一発で満足のいく設計図ができるわけではありません。いろいろ考え、調べ、悩みながら、書き直しを繰り返すのです。地道な努力が設計の完成度を上げていくんだということを、学生たちに知ってほしかったのです。

今回、ボディの製作にはCFRPの加工で国内トップレベルの技術を持つジーエイチクラフトさんに協力していただきました。精度の必要なボディの型枠はプロに作っていただきましたが、型枠にカーボンクロスを貼っていく作業は学生たちがやりました。ボディの加工やCFRPの板を使って操縦席を組み上げる工程も、全部学生たちに任せました。

最初のうちは、なかなか思うようにいかずに「失敗してしまったのですが……」と相談してくることが何度もありました。それでも何度かやり直していくうちに、彼らなりに経験を積んでくれました。

実は今回、オーストラリアへ発送する直前に、操縦席の覆いになるキャノピーを1週間で作り直したのです。秋田でのテスト走行で、キャノピーを一回り小さくしても視界に問題ないことが分かったんですね。キャノピーを小さくすれば空気抵抗も小さくできる。残された作業時間はわずか1週間でしたが、学生たちはコンパクトなキャノピーをきれいに作り直してくれました。性能アップにつながることが分かっていたのと、一度経験した作業だったため、迷うことなく最大限の努力ができたのでしょう。

レース中の作業もそうだったのですが、ノウハウを覚えて皆が協力すれば、彼らはとても大きな力を発揮できるのです。彼らの潜在力をあらためて証明したのが、今回の挑戦だったのだと思います。レースを通じて数多くのチームと接したことも、大きな財産になったでしょう。次の挑戦では、自分たちの力でよりかっこいい車体が作れることを期待しています。

解説

ソーラーカーの仕組みと性能

通常の自動車についているエンジンは、ガソリンや軽油をエンジン内部にあるシリンダーの中で燃焼させて、爆発して膨張する燃焼ガスをピストンで受け止めて動力として取り出している。これをギアなどから構成されるトランスミッション（変速機）で減速し、ドライブシャフトを経由してタイヤホイールを回転させてエンジン自動車は走行している。

一方、電気自動車は、バッテリーに蓄えられた電気エネルギーがモーターに与えられ、トランスミッションなどを経由してタイヤを駆動するというシンプルな構成となっている。ラジコンカーなどおもちゃの車と同じだ。ソーラーカーは、この電気自動車の屋根上に太陽電池を搭載したものと考えれば、仕組みとしては合っているだろう。しかしながら太陽光発電で得られるパワーは少なく、これだけで自動車をスムーズに動かそうとするのは難しい。

そもそも地表に届く太陽光は晴天時の日中でも1平方《メートル》あたり1《キロワット》程度であり、1・5《メートル》×4《メートル》＝6平方《メートル》程度の広さを持つ自動車の屋根では、すべての光を集めたとしても6《キロワット》にしかならない。太陽電池の変換効率は住宅用のもので15％程度であり、6平方《メートル》で0・9《キロワット》しか発電できないことになる。これに対して東海大学チームのソーラーカー「東海チャレンジャー」には、通常の2倍に相当する変換効率30％を誇るシャープ製の高性能な太陽電池が搭載され、1・8《キロワット》の太陽電池出力を得ることができる。これは正確には三接合化合物太陽電池と呼ばれる特殊なもので、波長感度が異なる3種類の太陽電池を積み上げた構造となっている。この特徴的な構造により、紫外線から遠赤外線までを幅広く電気エネルギーに変換できるのだ。もともとは厳しい環境にさらされる宇宙用に開発されたもので、人工衛星などのパネルに使用されている。この宇宙用太陽電池を地上用にアレンジすることで、ソーラーカー用太陽電池モジュールができあがった。

1・8キロワットと聞くと大きなパワーがありそうだが、馬力に換算すると2・5馬力程度しかない。通常の原動機つきバイクでも4馬力以上はあるので、その約半分の出力しかないのである。この少ない出力だけでも高速で走行できるようにするためには、高効率モーターなどの省エネルギー技術を惜しみなく注ぎ込むことが必要不可欠となる。

太陽電池の出力を電圧の異なるバッテリーやモーターに無駄なく伝えるために、「東海チャレンジャー」には最大電力点追従回路（MPPT）という変換回路が搭載されている。効率は98％以上でエネルギーロスは小さい。永久磁石と電磁石の間で発生する吸引・反発力を回転力に変えているモーターについては、電磁石の性能を上げるために、磁気変換効率に優れるアモルファス（非結晶）状態の鉄芯が日本ケミコンより供給され、軸の部分での転がり抵抗が小さいジェイテクトのセラミックボールベアリングを組み合わせた。これをミツバに集めることで、コントローラー込みの変換効率が97％と高効率なモーターが開発された。さらに、ギアやチェーンなどで発生する摩擦損失をなくすために変速機を省略し、モーターとタイヤホイールが直結したダイレクトドライブ（DD）型とすることで、エネルギー伝達効率は100％となっている。エネルギーが直列的に伝わるこのようなシステムでは、総合効率は各部の効率の掛け算で決まるため、どこか1カ所でも効率が悪い部分があると全体の足を引っ張ることになる。そのため、すべての部品の性能を高める必要があるのだ。

また、朝夕や曇天時といった太陽光が弱いときにソーラーパワーを補助するためにパナソニック製リチウムイオン電池を搭載。同社のノートパソコンなどにも用いられるこの電池は軽量かつ高容量であり電気自動車への応用も期待されている。これがソーラーカーに搭載されることで、その性能を実証することとなった。タイヤについては、ミシュランから転がり抵抗が小さいソーラーカー専用タイヤの供給を受け、少ないエネルギーで長距離の移動ができるようにもなっている。

ここで紹介した以外にも、気象衛星ひまわりなどを利用した天候予測、通信衛星を利用した情報ネットワーク、ソーラーカーの走行状態をリアルタイムに知ることができるテレメトリーシステムなど、「東海チャレンジャー」には数多くのハイテク技術が惜しみなく搭載されている。

監修：東海大学工学部電気電子工学科　木村英樹教授

**ミツバ製のソーラーカー用ブラシレスDC
ダイレクトドライブモーター**

電気エネルギーをモーターの動力に変換する効率は97%で、世界トップレベルの実力を備えている

コックピット

シンプルに設計されたハンドルとスイッチ類。ハンドルの上にある液晶ディスプレイには、速度や消費電力などが表示される。ドライバー交代などを行いやすくするため、ハンドルは上に跳ね上げられるよう工夫されているのが特徴だ

パナソニック製のリチウムイオン電池

世界最高レベルの高容量（電池1つあたり2.9Ah）を誇る。同社製のノートパソコンなどにも使用されており、「東海チャレンジャー」ではこの電池を544本搭載している

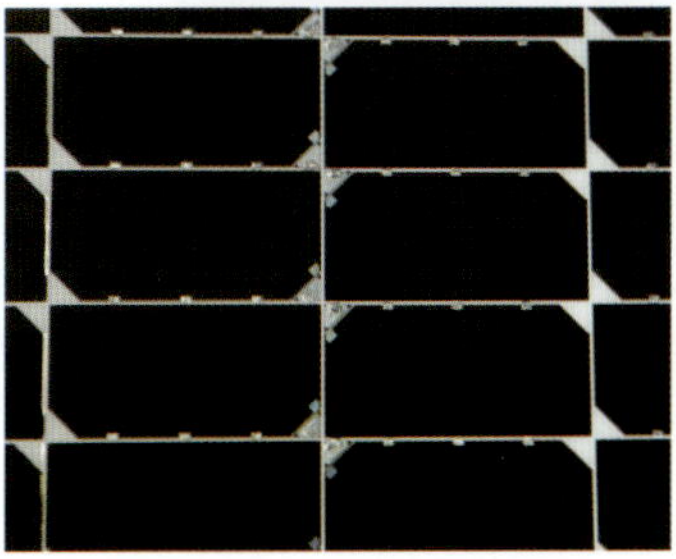

**シャープ製の高性能な
太陽電池パネル**

人工衛星などに搭載するために開発された三接合化合物太陽電池。太陽エネルギーの30%を電気エネルギーに変換する力を持つ

「東海チャレンジャー」諸元表

全長	4,980ミリ
全幅	1,640ミリ
全高	930ミリ
車両重量	160キロ
トレッド	1,300ミリ
ホイールベース	2,100ミリ
太陽光のみの巡航速度	時速 100キロ
最高速度	時速 160キロ
太陽電池	シャープ製　三接合化合物太陽電池　変換効率 30%
MPPT（最大電力点追従回路）	三島木電子製　昇降圧型　変換効率 98%以上
モーター	ミツバ製　ブラシレス DC ダイレクトドライブモーター　変換効率 97%
モーター用電磁石コア	日本ケミコン製　鉄系アモルファス箔積層コア
バッテリー	パナソニック製　リチウムイオン二次電池
ボディ材質	炭素繊維強化プラスチック（CFRP）
タイヤ	ミシュラン　Radial　95/80 R16
ホイール	ジーエイチクラフト　カーボンディスクホイール 16 インチ
ブレーキ	油圧ディスク＆回生ブレーキ

オーストラリアの太陽をいっぱいに浴びて疾走する「東海チャレンジャー」。飛行機の翼の形を参考に設計されたマシンは、レース中の最高時速で123.8㌔を記録した

TOKAI
UNIVERSITY
SHARP
GH
CRAFT
Panasonic
CITIZEN
60
JM
energy
SUNSTAR
MICHELIN
JTEKT
MOL Logistics
MITSUBA

ダーウィン市内の展示場で行われた車検。検査員を務める大会運営スタッフが、マシンの車高や重さなどを厳密にチェックしていく

整備工場裏の駐車場でテストをする電気班のメンバー。最後まであきらめない努力で、チームの勝利に貢献した

マシンの設計図を前にトラブルの解決策を探る。答えを求めての試行錯誤が続けられる

ヒドゥン・バレー・サーキットの練習走行で集まったデータを解析する。すべてのデータが問題解決の貴重な材料となっていた

レース３日目。バッテリーが満タンになったため充電を止めた後、デルフト工科大チームの偵察隊と太陽電池パネルの上に手をかざしておどけるメンバー

コントロールストップでは、チームワークを発揮して作業を進めていった

デルフト工科大とミシガン大チームのメンバーと技術交流をするチームマネジャーの竹内豪（左）。ちなみに、彼が着ているのはデルフト工科大のシャツだ

メモリアルゴールの翌日には参加チームのマシン展示も行われ、東海大チームのブースには多くの市民も訪れた

ライバルチームのマシンたち

グローバル・グリーン・チャレンジでは、各国の科学技術の粋を集めたものや、実用化を目指したものなど、13カ国から32台の個性的なマシンが参戦した。各チームの思いを込めたマシンを紹介する

最大のライバルチームとなったオランダ、デルフト工科大学チームの「NUNA V」

アメリカ、ミシガン大学チームの「Infinium」。2008年に行われたアメリカンソーラーチャレンジで優勝するなど、多くの実績を挙げている

予選でトップタイムとなる1分53秒をたたき出したオーストラリアの社会人チーム、オーロラの「Aurora101」

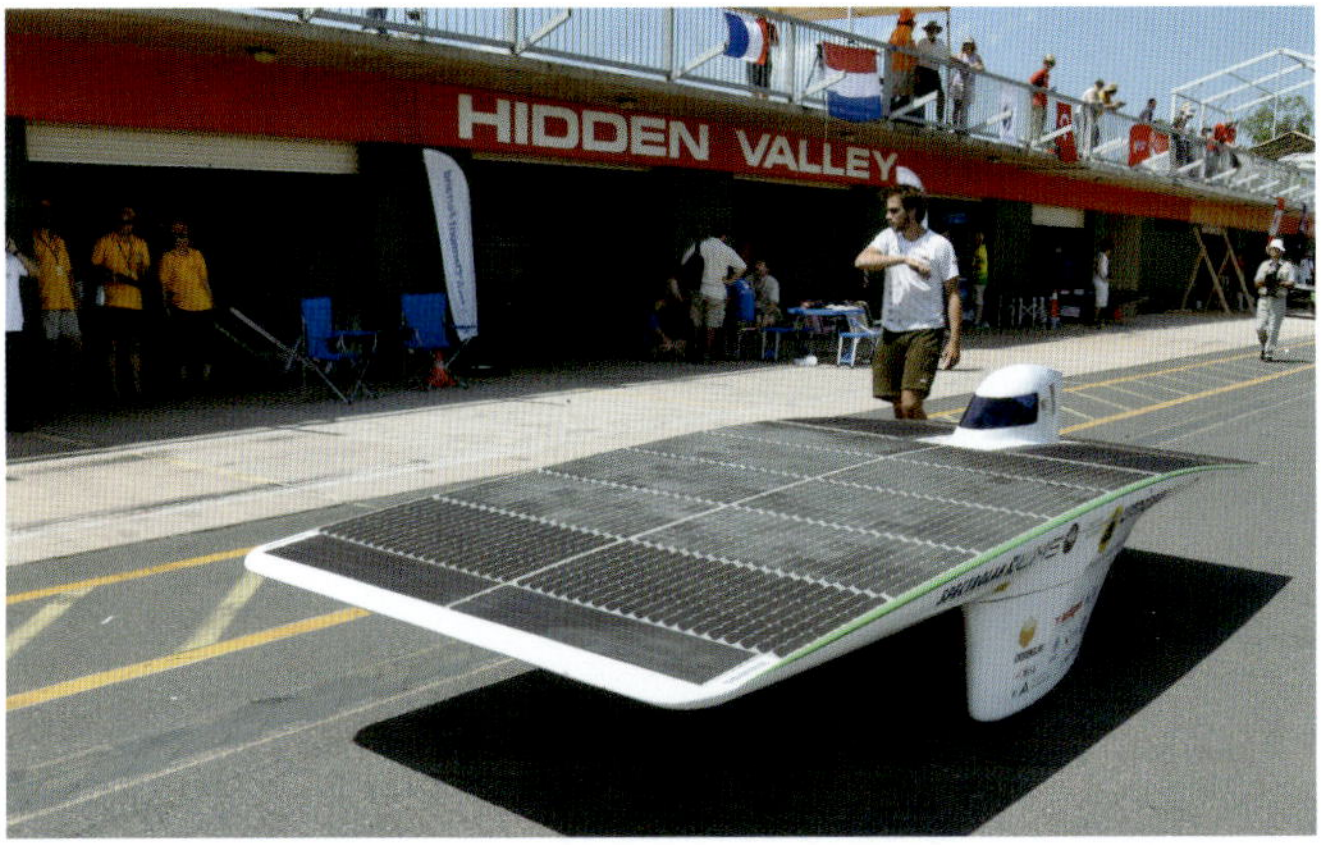

ベルギーから参戦した大学生チーム、ユミコアの「Umicar Inspire」。同国のマテリアル企業などの支援を受け、各国の大学生が参加するユニークなチーム

昔の軽飛行機のような形をした地元オーストラリア、ウィルトン高校チームの「Solar Flair」

ドイツ、ボーフム大学チームの「Bo Cruiser」。将来の実用化を見すえてドライバーの乗りやすさを重視して設計された

マレーシア大学のマシン「Merdeka 2」。家庭用太陽電池パネルを搭載し、タイヤは自転車用に市販されているものを使うなど、トップチームとは異なる形でエコを追求した

優勝報告会見には多くの報道陣が
詰めかけた

2009 年11月４日に東京・霞が関ビルにある東海大学校友会館で行われた優勝報告会で、記念の盾と優勝トロフィーを前に

2009年12月10日から12日まで東京ビッグサイトで開催された、日本最大級の環境展示会「エコプロダクツ 2009」でも大きな注目を集めた

東海大学湘南キャンパスを訪れ、「東海チャレンジャー」を見学する中学生たち

第3章

赤土の大地での戦い

いよいよ始まったレースでは、スタート直後から波乱の展開が待ち受けていた。厳しい自然環境や度重なるアクシデント。経験と実績ではるかに上回るライバルチームに、東海大学チームは力の限りを尽くして挑む。栄光のゴールを目指して。オーストラリア大陸縦断３０２１キロ。赤土の大地を舞台にした戦いの火ぶたが切って落とされた。

期待と不安のスタート

10月25日午前8時33分。予選4位の東海大学チームのマシン「東海チャレンジャー」は、ダーウィン市内にあるノーザンテリトリー議事堂前をスタートした。操縦席には佐川耕平が座り、ハンドルをしっかりと握りしめている。雲一つない空の下、いよいよレースが始まった。

「不安を挙げたらきりがない。だけどやれることはやった。このマシンは僕らの汗と涙の結晶なんだ。とにかくトラブルなく走ってほしい」

メンバーらは祈るような気持ちでマシンを送り出した。

議事堂前から延びる石畳の左右には鉄柵が並び、取材陣をはじめ、お年寄りから子どもまであらゆる年代の観客が鈴なりになっている。どの顔にも笑顔が浮かび、目の前を次々と駆け抜けるマシンを応援していた。東海大チームのマシンにも一斉にカメラのフラッシュがたかれる。

「グッドラック!」

熱い声援を受けつつ「東海チャレンジャー」は広場出口をゆっくりと左折し、一般道へと入っていく。そして、予選5位のアメリカ・スタンフォード大学チームがスタートする。

各チームはここからダーウィンの市街地を抜け、メーンコースとなる国道スチュアートハイウェイを走る。ゴールのアデレードまでの距離はスタート地点から3021キロ。ドライバーの休息などを目的に大会規定で定められている停車ポイント・コントロールストップで停車し、1日に数回ドライバーを交代しながらゴールを目指す。1日に走行できるのは8時間。前回、

２００７年大会で優勝したデルフト工科大学チームは平均時速90キロの大会記録を樹立し、４日間で完走している。

市街地に入ってすぐ、東海大チームの先導車と指令車がマシンと合流した。ともに車の屋根に黄色い回転灯をつけている。この2台は大会規定で定められた車で、ソーラーカーが安全に走ることができるよう、走行中にその前後についてサポートする役割がある。先導車には車体班で学生ドライバーを務める徳田光太と伊藤樹が、指令車には木村英樹教授やチームマネジャーの竹内豪らのほかに監視役の大会運営スタッフも同乗している。東海大チームにはこのほかに、食料や工具などを運搬する輸送トラック、チームの前後を縦横に走って他チームの状況や天候などを調査する偵察車、マシンと指令車をサポートする伴走車、チームの活動を記録する遊撃車が帯同している。それぞれの車両は無線通信機や衛星携帯電話を使って交信できるようになっており、メンバーらは各車両に分乗。走り始めたマシンの動向をかたずをのんで見守っていく。

実は、スタート地点からスチュアートハイウェイに入るまでの市街地区間が、長いレースにおける最初の試練だった。

太陽電池の発電量は、東海大チームが搭載するシャープ製のものでも約１８００ワット。業務用電子レンジほどの、コンビニエンスストアで弁当などを温めるのがやっとのパワーしかない。そのわずかなパワーで、ソーラーカーのモーターやブレーキ、ウィンカーなどすべてのパーツを動かす。さらに、急な加減速はエネルギーの消耗につながる。自転車で走っているときに、同じ速度で走り続ければ楽だが、急な加速や減速を繰り返すとすぐに疲れてしまうのと同じだ。のろのろ運転の一般車両に引っかかったり、信号待ちが多くなればなるほどエネルギーをロスしてしまう。土曜日だったこともあり、市内には多くの一般車両が行き交っている。

最初のハプニングは、市街地の一般道に入って、2つ目の交差点にさしかかったときに起きた。先導車の前に、3番手でスタートしたデルフト工科大学チームのマシンが止まっている。信号に目をやると赤く光っている。「信号待ちをしているのか?」と思った直後、信号が青に変わったがマシンは動き出さない。不審に思って見ると、マシンの脇にデルフト工科大のメンバーが立っている。

「トラブルで止まっているんだ」。気がついた瞬間、指令車からドライバーの佐川に「ぶつからないよう気をつけて抜いて!」と指示が飛んだ。佐川は青から赤に変わるべく点滅し始めた信号を、すり抜けるようにしながら抜き去っていく。

デルフト工科大のマシンにはこのとき、太陽電池パネルとバッテリーの間にあるMPPTが正確に機能しないトラブルが発生していた。「バッテリーはほぼ満タンのため、このまま走り続けることもできるが、貴重なエネルギーを無駄に消耗させてしまう。トラブルは早めに解決したほうが今後のレース展開が有利になるはず」と修理を決断したときに、東海大チームが追い抜いたのだった。

続いて、市街地を慎重に走っていた2番手スタートのボーフム大学チームもあっさりと抜き去る。東海大チームは、交通渋滞や赤信号で止まらないように細心の注意をしながら、市街地の一般道とスチュアートハイウェイに抜ける空港道路を順調に走行する。

ダーウィン国際空港を通り過ぎると、そこはもうスチュアートハイウェイだ。市街地を抜けると一般車両の通行量もぐっと減り、制限速度もそれまでの80キロから130キロまで引き上げられた。木村教授からドライバーの佐川に、時速100キロ以上を保って走るようにとの指示が出る。

レース最初の山場である市街地区間を無事に走り抜けてホッとしたのもつかの間、次にメンバーが目にしたのは路肩に止まっている1台のマシンだった。

「あれってオーロラじゃないか?」

木村教授が指さした先には、トップで華々しくスタートしたオーロラチームのマシンが止まっている。その瞬間、助手席に乗っていた大会運営スタッフが後ろを振り返り、「ユーアーナンバーワン」と、にっこり笑って親指を突き上げた。

「へぇー」。メンバーの口から出たのは、たったこれだけ。

前日までマシンの調整に手間取っていた自分たちが、スタート間もなくレースのトップに立っている——その事実を実感できないでいる。木村教授も、「レースはまだ序盤。浮かれることはできない」と厳しい表情を崩さない。このとき「ユミコアチームとミシガン大チームが追いかけてきている」との情報が入ってきていた。

3021キロもの距離を何日間もかけて戦うレースでは、走行中にライバルチームがどの地点にいるのかを正確に把握することはできない。スタッフの人数が多いチームでは偵察用の車を複数用意し、ライバルの周辺やコントロールストップにスタッフを派遣して情報を収集する。

だが、19人しかいない東海大チームにそんな余裕はない。後続が追いかけてきているという情報も、レースの模様を取材していた報道陣から寄せられたものだった。しかも実績では両チームのほうが格上。前回大会ではユミコアチームが2位に、ミシガン大チームも3位に入っていた。

「せめてトップのまま、最初のコントロールストップ地点のキャサリンに到着したいな」

指令車に乗っているメンバーらはかすかな期待を冗談っぽく言い合っていた。スタート地点からキャサリンまでは３１６キロ。そこまで首位でたどり着くことができれば、東海大チームの名前が公式記録にトップとして記録される。優勝は無理でも、せめて一度ぐらいはトップとして記録されたい——そんな気持ちの現れだった。「ユミコアチームのほうが実績もスピードも上、いつかは抜かれてしまうだろう」。メンバーの多くがそう覚悟していた。

それに、この先何が起こるか分からない。手探りの状態でスタートした東海大チームはこのとき、まだ不安と緊張のただ中にいたのだ。

一瞬のトラブルが引き起こす悲劇

スタートから約2時間半が経過した午前11時24分。メンバーらの願い通り、東海大チームは最初のコントロールストップであるキャサリンにトップで到着した。

直後、2位のユミコアチームも到着。差はわずか30秒。その後、3分ほど遅れて3位のミシガン大チームも到着する。ユミコアチームとミシガン大チームは、東海大チームを上回る時速110キロのペースで追いかけてきていたのだ。優勝候補筆頭のデルフト工科大チームも、トラブルを克服して10分後にたどり着いた。

キャサリンでの停車時間は30分間。安全上の理由から設けられた停車ポイントだが、チームにとってはマシンの異常を点検し、太陽電池パネルの充電に専念できる貴重な機会でもある。

各チームは1分1秒を争って慌ただしく作業に取りかかる。東海大チームはレース前に、マシンの誘導や太陽電池パネルの充電、ドライバー交代などの手順を決めてその練習も積んできた。ところが実際の作業に取りかかった途端、メンバーの顔に焦りと戸惑いの色が浮かぶ。車体と太陽電池パネルを分離するための工具が見当たらない。しかも各車両に分乗したメンバーの役割分担があいまいで、誰がどう動けばいいのかが分からなくなっていた。

「どうなってるんだ!」。チームは一気に混乱し、怒号が飛び交う。

「コントロールストップでは限られた短い時間の中で、速く正確に作業することが求められる。でも、学生たちにとっては今回のレースが初めての経験。イメージ通りには作業できないかもしれない」と、木村教授が心配していた通りになってしまった。

大騒ぎしながらも、何とか工具を見つけたのが到着から15分後。太陽電池パネルを車体から外して持ち上げたときには、すでに20分が過ぎていた。残された時間では佐川から篠塚建次郎へのドライバー交代をするのが精いっぱい。足回りや電気系統をチェックする時間はほとんどなかった。

「すべての手順を考え直さなければいけないな」。充電もままならぬまま再び走り出したマシンを見送りながら、メンバーはがっくりと肩を落とした。

午前11時54分、キャサリンを出発。ユミコアチームが30秒後に東海大チームの後を追う。わずか数十メートルの間に2台が連なっての走行が始まった。

だが、ここであっさりトップを譲るのはもったいない。レースの勝敗はマシンの性能だけでなく、チームの戦術にも大きく左右される。そこで、東海大チームはライバルの心理をつくことにした。

「目の前にライバルのマシンが見えていれば、少し無理をしてでも追い抜きたいのが人の心理というもの。それを利用して相手のペースを崩してみよう」。木村教授はドライバーの篠塚に時速を１１０キロに上げるよう指示を出した。

東海大チームに負けまいと、スピードを上げて追いすがってきたユミコアチームだが、急激な速度アップについてこられない。優勝候補に挙げられるユミコアチームは予選で2度もコースアウトし、右車輪を中心にボディにヒビが入るほどの事故を起こしていた。突貫工事で何とかスタートに間に合わせたものの、強い横風に苦しめられ、真っすぐ走るのにも苦労している様子だった。両チームの差は徐々に開いていく。

やがて、ユミコアチームの姿は、はるか後ろに消えていった。

「これで、しばらくはトップを走ることができる」

東海大チームのメンバーが胸をなで下ろした直後、ユミコアチームを最悪の悲劇が襲う。直線道路を走っていたマシンが、一瞬左に振られた後に右にそれ、道路脇の木に激突してしまったのだ。原因はサスペンションの故障だった。この事故でマシンは大破。幸いドライバーは無事だったが、復旧はもはや不可能だった。

今回こそは優勝しようと期し、2年がかりで作ってきたマシン。スマートで美しい車体はスタート前から大きな注目を集めていた。一瞬の惨劇にドライバーとスタッフは泣き崩れた。

東海大チームの偵察車に乗っていた下崎友大は、偶然その現場に居合わせた。後ろから追いかけているユミコアチームの情報を指令車に伝えようと、同チームのサポートカーに混じって走っていたのだ。のぞき込んだ下崎は、大破したマシンを目にした途端、息をのんでしまった。目の前には操縦席を残して真っ二つに割れたマシンが砂ぼこりの中に倒れている。記録用に写真を撮影したものの、「自分たちのマシンが同じ目にあったら」と思うと恐ろしさが込み上げてきた。事故現場を離れた後、「メンバーにはこの写真を見せないことにしよう」と心に決めた。

一瞬のトラブルが引き起こす惨劇に、チームの士気が下がることを恐れての判断だった。

MPPTの破損

ライバルチームを襲ったハプニング。しかし東海大チームはその後も順調に走行し、次のコントロールストップ地点のダンマラに無事到着した。ユミコアチームの事故で2位に立ったミシガン大チームとは約20キロの差がついていた。

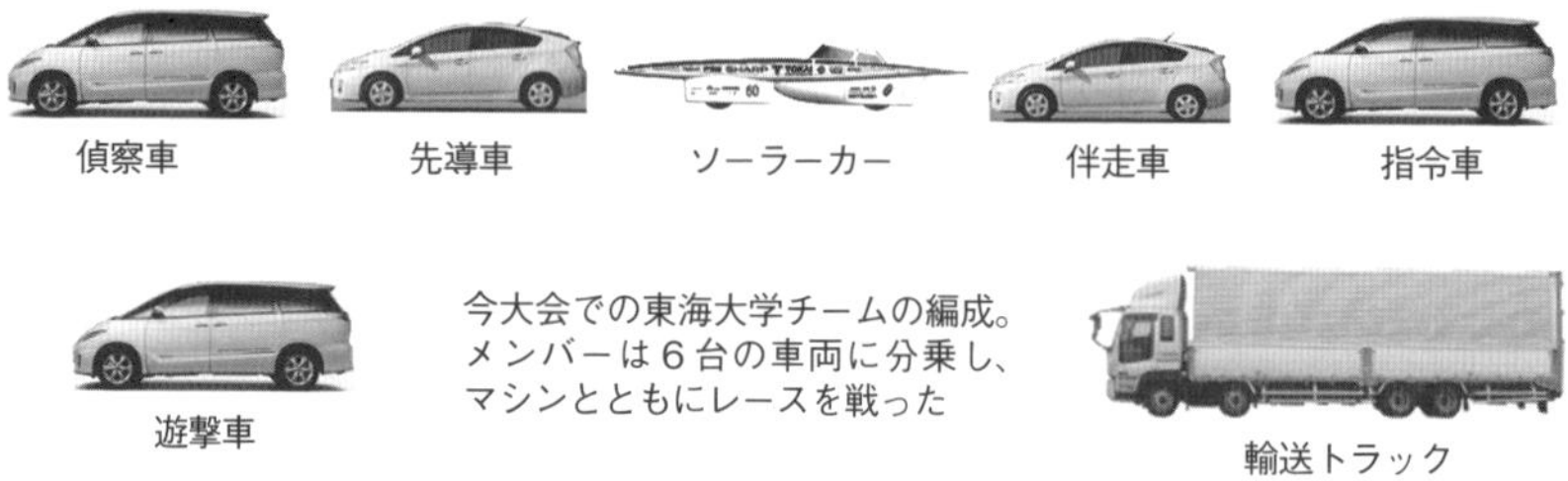

今大会での東海大学チームの編成。メンバーは６台の車両に分乗し、マシンとともにレースを戦った

最初のコントロールストップでは、ライバルチームも続々と到着。慣れた手つきで充電作業などを行っていた

樹木にぶつかり大破してしまったユミコアチームのマシン

ここでドライバーは篠塚から学生の徳田に交代。徳田が乗り込んだマシンの操縦席回りでは、電気班が電気系統のチェックに取りかかる。

「レース直前まで調整に手間取ったけれど、今はすべての回路が順調に動いている。うそのようだけど本当によかった」と皆で話をしていた矢先、操縦席の脇に小さなパーツが落ちているのを見つけた。電気回路MPPTの部品だった。ハンダづけが甘かったためか、振動で12枚あるMPPTの基板のうちの1枚からパーツが落ちてしまっていたのだ。

東海大チームは太陽電池パネルを12のブロックに分割し、それぞれにMPPTをつなぐ方法を採用していた。そのため1つの回路が壊れても、太陽電池パネルとバッテリーとをつなぐ回路すべてが止まることはない。だが、たった1枚が壊れているだけだとしても、その分発電量が落ちることは避けられない。しかも、ほかの11枚も同じように作っているため、同じようなトラブルが起きる可能性があった。

「どうする!」。電気班に緊張が走った。だが、今ここですべてのパーツをチェックする時間はない。さらにこのとき、左前のタイヤについているサスペンションからオイルが漏れるトラブルも発生していた。

「今日一日何とか持ってくれ」。ただ祈るしかなかった。

30分間のコントロールストップを終えたマシンは、午後3時過ぎにダンマラを出発。5時33分まで走りきり、スタート地点から804キロのキャンプ場で初日のレースを終えた。

1日目
10/25
快晴

時間	トピックス
5:00	ノーザンテリトリー議事堂前に「Tokai Challenger」を搬入
8:30	レーススタート。予選1位だった地元オーストラリアのオーロラチームがスタート
8:33	「Tokai Challenger」がスタート（ドライバー：佐川耕平）
8:36	市内の交差点でデルフト工科大チームのマシンを追い抜く
8;39	ボーフム大チームを抜き去る
8:44	オーロラチームのマシンを抜きトップに立つ
9:00	このころ、マシンの回転性能を上げるため、後輪に取りつけていた3WSシステムにトラブル発生。後輪が振動で動いてしまう症状が出る。操縦席にある3WSのスイッチをこまめにオン・オフすることで症状が改善されるため、そのままレースを続ける
11:24	最初のコントロールストップ・キャサリンに到着(スタート地点から316キロ)。30秒後には2位のユミコアチームも到着。ドライバーが佐川から篠塚建次郎に交代。このときの気温摂氏42度
11:54	キャサリンを出発
13:03	2位を追走していたユミコアチームがクラッシュ
14:33	ダンマラに到着（スタート地点から633キロ）。ドライバーが篠塚から徳田光太に交代。14:45には2位のミシガン大学も到着。MPPTの破損と左前輪のサスペンションから油が漏れるトラブルが見つかる
15:03	ダンマラを出発
17:33	エリオット郊外で走行終了（スタート地点から804キロ）。道路脇のキャンプ場で野宿することになる。太陽電池の充電をしながら、サスペンションの状態をチェック。油は漏れていたものの、何とかそのまま使えることを確認する
18:38	充電終了
20:00	オージービーフのバーベキューを食べた後、ミーティングを実施
20:30	電気班がMPPTの修理と電気回路のチェックを開始。メンバーで手分けをし、すべての電気回路のハンダづけをやり直す
27:00	電気班、作業終了

電気回路のハンダづけをやり直す電気班のメンバー。深夜に及んだ作業のかいあって、翌日からのレースでは電気回路の部品が基盤から落ちてしまうトラブルは起きなかった

走行距離：804キロ
最高時速：113.92キロ
最大発電量：1450ワット

1位　東海大学（日本）
2位　ミシガン大学（アメリカ）
3位　デルフト工科大学（オランダ）
4位　ソーラー・チーム・ツベンテ（オランダ）

後続のミシガン大チームとの差は40キロ。「何とかここまで来ることができた」。操縦席を降りた徳田は胸をなで下ろしていた。

静かな大地にメンバーの声だけが響いている。キャンプ場の周囲には赤土の砂漠が広がり、植物といえば針金のように堅い葉を持つ草と低木が点在しているだけ。アウトバックと呼ばれるこの地域特有の景色の中、西の空には少しずつ傾きながらも真っ赤な太陽が輝く。

1日目のレースが無事終わったと、のんびりしている暇はなかった。マシンをキャンプ場の奥に運び込み、太陽電池パネルの充電を始める。日没までの間はバッテリーの充電が認められているためだ。チームが電気機器用の電源として携帯する発電機で充電しないよう、日没後から翌朝まではバッテリーを大会運営スタッフに預けることが大会規定で定められていた。

翌日の天候次第では、ここでの充電量でチームの戦略が大きく変わる。そのため、メンバーは皆きびきびと動かなければならなかった。

とっぷりと日が沈んだころ、チームはようやく夕食の時間を迎える。今夜のメニューは、カセットコンロで作ったオージービーフのステーキとサラダ。キャンプ場の周りは真っ暗のため、懐中電灯を頭につけた格好でほおばった。夕食後には明日の予定を確認して一日のスケジュールが終了。だが、電気班に休息の時間はない。テントで休みたい気持ちを抑えて、MPPTをはじめとする電気回路の点検、修理に取りかかる。

全作業が終わったのは午前3時。見上げた空には満天の星々が広がっていた。

砂あらしの襲来

翌朝、まだ薄暗い中、あちこちのテントから目覚まし時計のベルが鳴り響く。東海大チームのメンバーがそれぞれのテントからはい出してくる。

スタート時間は午前8時。それまでは太陽電池によるバッテリー充電が許される。前日の夜に大会運営スタッフに預けていたバッテリーを大急ぎで受け取り、それを車体に取りつけたのち、電源コードをつないで太陽電池パネルと接続。皆で手分けしながらパネルを充電台に載せて東の方角に向けていく。顔を洗う時間もそこそこに作業をする学生たちの目は、どれも真剣そのものだ。

東海大チームは前日の走行でバッテリー容量の約57％を消費していた。幸いこの日は雲一つない快晴で、格好の「充電日和」。前日の夕方に充電した分と合わせるとスタート直前までにほぼ100％まで回復させることができた。

その間、電気班は午前3時までかかって修理したMPPTを中心に電気回路を再チェック。車体班もタイヤやサスペンションなどの足回りを再度確認してボルトを締め直す。特に異常は見つからず、学生たちの間には安堵の色が広がっていく。ほかのメンバーもテントの後片づけや荷積み、チーム全員の食事作りにと忙しく動き回る。レース中の朝食と昼食はハムと野菜のサンドイッチ。手の空いたメンバーから順に食事を取る。慌ただしい朝の、つかの間の休息だ。

2日目のファーストドライバーは学生の伊藤。ライトパワープロジェクトが出場した燃料電池車の大会で2連覇するなどのドライビング技術が買われて今回、ドライバーの一人に選ばれた。しかし、伊藤にとっては海外のレースでソーラーカーを操縦するのはこのときが初めてだった。充電を終えて道路脇に運ばれたマシンに乗り込み、運転中の注意事項などを聞いたが、すでに口の中はカラカラ。操縦席の気温は摂氏30度を超え、手にはめたグローブにも汗がにじむ。

「マイペースが大切だ」。大先輩である篠塚に言われたこの言葉を頼りに走ろう——そう心に決めていた。「トラブルはあったけれど、ここまでは無事に来ることができた。ほかのチームがどこを走っているかは気にせず、自分の役割を果たすことに専念したい」。みんなで苦労して作ったマシンを操縦できるという喜びの中、伊藤はハンドルを握りしめた手に少し力を入れた。

スタートの午前8時。大会運営スタッフが右手を振り下ろすのを合図に、伊藤がアクセルを踏み込む。軽快なモーター音とともにマシンはチャレンジ2日目へと動き出した。

今日も順調か？　しかし異変は出発から10分ほど走ったときに起きた。先導車から「空がかすんできていないか？」と、指令車に無線交信が入ったのだ。メンバーの間に緊張が走る。

確かに、窓の外に広がる空にはうっすらと黄土色のモヤがかかっている。「山火事かな？　あるいは砂あらしかもしれない」。やがて日は陰り、マシンから指令車に送られてくるデータでも電力の発電量が消費量を大きく下回っていった。

「このままではまずい」。木村教授ら指令車のメンバーは手元にある2台のパソコンをにらんでいた。一方にはオーストラリアの地図と周辺の雲の流れが、もう一方にはテレメトリーシステムから送られてきたマシンの発電量やスピードのデータが表示されている。雲の画像は、東京の代々木キャンパスにある東海大学情報技術センターから送られてきた映像だった。

東海大学では、日本の気象衛星「ひまわり」の情報を熊本県の東海大学宇宙情報センターで受信して、それを情報技術センターで解析した画像をリアルタイムで配信するシステムを保有している。太陽のエネルギーのみで走るソーラーカーレースでは、雲の流れや天候の変化によってレース戦略が大きく左右される。チームは同センターと通信機器会社である日本デジコムの協力のもと、レース戦略を支える切り札の一つとして、この〝宇宙からの情報〟を利用していたのだ。

インマルサット衛星電話を通して送られてくる画面中央の画像では、オーストラリア中央部は雲一つないように見える。だがよく目をこらすと、ちょうど今走っている辺りに薄く白いものがあるようにも思えた。

「この映像に写っている白いものが砂あらしだったら、あと2時間は砂あらしの中を走ることになるかもしれない」。木村教授がそう思ったとき、偵察車から「前方の状況を確かめるために先行しましょうか」と無線が入った。「ナイスタイミング。よろしく！」と返答すると、偵察車はスチュアートハイウェイの制限速度ぎりぎりの時速130キロで飛び出していった。

勝敗を分けた各チームの戦略

「後続のマシンも同じ条件の中にいるのだろうか」。誰もが不安にさいなまれていた。砂漠が広がるオーストラリア中部では、突風による砂あらしや局地的な火災が発生しやすい。それは太陽電池の発電量低下を意味する。もし東海大チームのマシンだけがこの天候に見舞われていたら、あっという間に後続のチームに追いつかれてしまう。どのような戦略を立てればいいのか、状況が分からないだけに落ち着かない気分だった。

このとき、2位を走るミシガン大チームはモヤの原因が大規模な砂あらしであることを知っていた。ゼネラルモーターズやフォード・モーター・カンパニーといったアメリカの名だたる企業の支援を受け、総勢150人で参戦したこのチームには、気象予報を専門とする学生スタッフもいる。気球や衛星通信機器を使って天候の変化を分析する体制が整っていた。ミシガン大はこの日の朝、すでに砂あらしを観測しており、エネルギーの消耗をできる限り抑えるために時速80キロで走行することを決めていた。

一方、東海大チームのドライバーを務める伊藤は、飛んでくる砂で前が見えない中、凹凸の多い悪路や吹きつける横風に苦しんでいた。対向車線には、全長50メートルを超えるトラック・ロードトレインも走ってくる。すれ違うときには、強烈な風圧力が襲ってくる。

「この状況が続けば相当厳しいレースになるかもしれない」

そう思いながらハンドルを握る手にさらに力を込めていく。指令車からの無線では時速95キロまでスピードを落とすようにと指示が出ていた。平均時速100・5キロを記録した昨日に比べると大幅なダウンだが、時速80キロで走るミシガン大チームよりはだいぶ速い。

速く走れば走るほどエネルギーの消耗は大きくなる。しかし、この砂あらしの中に閉じ込められたままではバッテリーのエネルギーを食いつぶすだけ。それならできるだけ速やかに脱出して、太陽の下で発電を促したほうが得策だ。幸いバッテリーの残量は十分で、天候が回復しなくても時速95キロを維持すれば、今日一日を走りきることができるはず――指令車のメンバーらが考えての指示だった。

　そして午前10時5分、この日最初のコントロールストップとなるテナントクリークに到着。空はだいぶ晴れてきたようにも思えたが、この先の状況はまだ分からない。メンバーらはマシン各部をチェックするとともに、消耗したバッテリーを充電するために、太陽電池パネルにびっしりとついた砂をキッチンペーパーで丁寧に拭いていく。誰もが走り回り、雑談をする者はいない。

「現状のままでは走行中のバッテリー補給はほとんど期待できない。ここでできる限り手早く作業をすることがチームの勝敗を決する」。その一心で作業に没頭する。

　ドライバーは篠塚へと交代した。走り出してから1時間ほどたったときだった。２００キロ先にいた偵察車の渡辺から、イリジウム衛星携帯電話で一報が入る。

「ここまで来れば空は晴れています！」。東海大チームの予想通りだった。無線の送信機を引っつかみ、「時速１００キロまで加速して下さい」と篠塚に指示する木村教授の声は、少しかすれていた。バッテリーの残量を気にしながら走ってきた、長いトンネルの先にかすかな光明が見えた瞬間だった。

　空は急激に明るくなっていった。午後4時4分、レース中間地点のアリススプリングスに到着したころには雲一つない快晴に。30分間のコントロールストップを終えたのち、郊外約40キロの地点で2日目のレースが終わった。この日の終了時点でアリススプリングスまでたどり着いたのは東海大チームだけ。2位のミシガン大学チームとは約80キロの差がついていた。

「砂あらしの中をどう走るかは、ぎりぎりの駆け引きでした。太陽電池の発電量がほとんどない中、砂あらしを抜けきれずにバッテリーが空になったりすれば大変なトラブルになる。テレメトリーシステムから送られてくるデータや衛星写真の情報をどう分析し、どのような戦略を立てるかが一番難しいところだった」と木村教授は振り返る。

まさに紙一重。東海大チームの作戦勝ちだった。

高まるチームワークとプレッシャー

「信じられないけれど、レースも半分が終わったんだな。あと2日でゴールするぞ!」

3日目の朝。前日の達成感で、メンバーの顔はすっきりと生気にあふれている。

さらにうれしいことに、ここへきてチームワークも一気に高まっていた。作業が始まると誰が指示するまでもなく、それぞれの持ち場につく。太陽電池パネルはメンバー10人の共同作業で充電台に載せる。日の出を待ちながら、車体班はサスペンションやタイヤをチェック。電気班は電気系統に異常がないかを確認する。日が昇ると少しでも多くの発電量を得ようと、太陽の動きに合わせて太陽電池パネルの向きを変えていく。一つひとつの作業に間違いがないよう、皆が声を出し合いながら進めていく体制ができあがっていた。作業手順は初日のコントロールストップで失敗をした後に再度、全員で話し合って決めたものだった。

2日目
10/26
晴れ時々
砂あらし

時間	トピックス
5:30	起床。マシンの整備を開始。日の出とともに充電を始める
8:00	エリオット郊外をスタート（ドライバー：伊藤樹）。スタート直後、マシンと指令車の無線が通じないトラブルが発生。指令車に積まれている無線機の設定が間違っていたのが原因。すぐに設定を直して事なきを得る
9:00	このころから砂あらしに見舞われる
10:05	テナントクリークに到着（スタート地点から987キロ）。ドライバーが伊藤から篠塚建次郎に交代
10:35	テナントクリークを出発
11:00	このころ、偵察車から指令車に「200キロ先は晴れています！」との無線が入る
12:55	バロークリークに到着（スタート地点から1210キロ）。ドライバーが篠塚から徳田光太に交代
13:05	バロークリークを出発。このころ、砂あらしを抜ける
16:04	レースの中間地点となるアリススプリングスに到着（スタート地点から1492キロ）。地元メディアなどから取材を受ける
16:34	アリススプリングスを出発
17:00	アリススプリングス郊外40キロにあるトラックの待避所で走行終了（スタート地点から1532キロ）
18:26	発電終了。トラックの待避所は大会規定によりキャンプ禁止地点のため、マシンをトラックに積み込み、アリススプリングス近郊のモーテルに移動。メンバーは2日ぶりのシャワーを浴びる
20:00	ミーティング後、市内で夕食。夜中モーテル内で野生のウォンバットの訪問を受ける

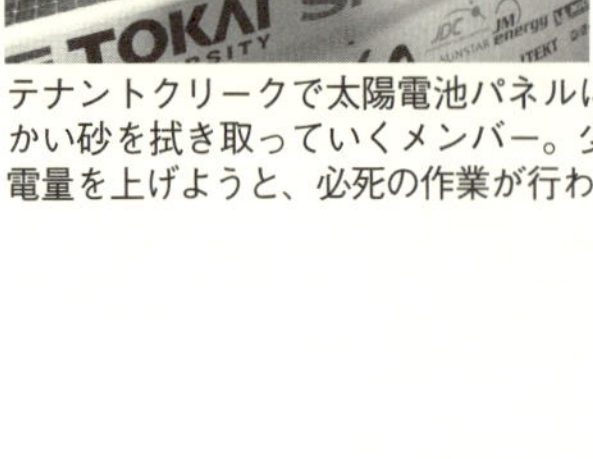

テナントクリークで太陽電池パネルについた細かい砂を拭き取っていくメンバー。少しでも発電量を上げようと、必死の作業が行われた

走行距離：728キロ　合計走行距離：1532キロ
最高時速：113.92キロ
最大発電量：1690ワット

1位　東海大学（日本）
2位　ミシガン大学（アメリカ）
3位　デルフト工科大学（オランダ）
4位　ソーラー・チーム・トゥエンテ（オランダ）

「レース初日の失敗の後、1分1秒を争うレースで速く走るには、メンバー全員がそれぞれの役割を果たすこと、そして皆で協力し合うことの大切さを確認し合ったんです。その上でもう一度体制を組み直して、日々の作業の中でレベルアップした結果、ようやくチームとして動くことができるようになったのだと思います」とチームマネジャーの竹内は語る。テクニカルディレクターの池上敦哉は彼らのきびきびとした動きを見ながら、「初日は皆がバラバラで、声をかけ合うことすらできていなかった。わずか2日間で本当に成長しました。今では作業中に飛び交う学生たちの声がうるさいくらいですよ」と笑う。

チームワークが良くなる一方で、新たなプレッシャーも高まってくる。下崎は、「トップに立っているのは、東海大チームが大きなトラブルに見舞われなかったというだけ。トラブル一つですぐに追い抜かれてしまう。まだ気を抜いている場合じゃない。何が起きるか分からないのだから、ゴールまでは浮かれてはいけない」と話す。脳裏には、ユミコアの惨劇がよぎっていた。

作業に追われ、必死にレースを進めてきた2日目までは、そんな心配をする余裕もなかった。さまざまなことを考える余裕が出てきた分、新たな不安も芽生えていたのだった。

日本からの声援

3日目のファーストドライバーは学生の徳田。この日も午前8時にスタートして順調に走行を続ける。このころになると、操縦席に座りながら景色を楽しむ余裕が出てきていた。真っ赤な砂漠に時おり見かける「カンガルーに注意」や「牛に注意」と書かれた看板。オーストラリアならではの看板を見ると、日本を遠く離れた赤土の大地を走っているのだという実感がわいてくる。空はどこまでも青く澄み渡り、道の先にはゆらゆらと道路が揺れ、大きな水たまりのようになった逃げ水も見える。レース中の最高時速となる時速123・8キロも記録。操縦席の中にはモーターが奏でるハーモニーが響いている。

午前10時30分過ぎにはノーザンテリトリー（北部準州）とサウスオーストラリア州の境界線を通過。スチュアートハイウェイの制限速度がそれまでの時速130キロから110キロになった。この先は道路が全体に下り道になる。これまでよりもエネルギーを使わずにスピードを保てるようになるはずだ。

「ここまで来れば後続のチームにスピードで追い抜かれることはない。あとはトラブルに気をつけるだけだ」。メンバーの胸は〝優勝〟への期待で大きくなっていった。

チームを取材しようと集まってくる報道陣の数も次第に増えてきた。前日のアリススプリングスでも地元メディアから学生が取材を受ける場面があったが、この日は走行中にマシンと並走してレース風景を撮影しようと、何台もの報道陣の車両がチームの前後に集まってくる。報道陣が走行中のマシンを撮影する場合は、大会で定められた共通の周波数を使って無線で指令車と交信し、許可を得てから撮影をすることになっていた。ところが中には150キロを超える猛スピードでやってきて、突然撮影を始める車両もあった。車両があまりに近づき、はね上げた小石が太陽電池パネルに当たれば割れてしまう。マシンの前後を走る先導車や指令車に乗ったメンバーらは、報道の車両と東海大チームのマシンがぶつかりはしないかとひやひやしながらも、徐々に高まってくる優勝への期待をうれしく感じていた。

「東海大チームが優勝するかもしれない」

地元での期待の高まり以上に、日本でも東海大チームの活躍に熱い視線が寄せられていた。東海大はこのレースに広報班を同行させ、レースの様子をインターネット上の大学公式ホームページに掲載、チームの学生たちが運営するブログと併せて毎日配信した。全国各地にあるキャンパスでは、チームの活動を多角的にサポートしているチャレンジセンターや、衛星画像を指令車に配信している情報技術センターのスタッフをはじめ、教職員や学生らが毎日のようにサイトをチェック。その経過に一喜一憂しながら声援を送っていた。

中でもオーストラリアで戦っているメンバーと同じライトパワープロジェクトに所属する学生たちは、毎日パソコンにかじりつくようにしながら現地レポートを読んでいた。

日本に残った学生の中には、就職活動などのために渡航日程が取れなかった者や、直前に体調を崩して大会に行けなかった者もいた。チームがダーウィンに入ったのちに、日本でのサポート役として活躍したのはそんな彼らだった。メーカーから提供された機器の調整に車体班が手間取った際には、ダーウィンから電話を受けて日本にいるメーカー担当者に連絡し、そこで得られたアドバイス結果をEメールで現地に報告。電気班が電気回路の問題を解決できずに悩んでいたときには、その不具合を調整するソフトウエアを作って送信するなど、現地入りしたメンバーを陰ながら支えていた。

「皆の期待と夢を乗せてここまで来た。どうか最後まで無事に走って最高の結果を収めてほしい」。誰もが祈るような思いでチームの活躍を見守っていた。

午後5時7分、東海大チームはグレンダンボのコントロールストップの直前で、3日目の走行を終えた。この日はトラブルも起きず順調に走りきった。走行距離は東京から広島間に匹敵する898キロ。1日の走行距離としては、この大会に参加する全チーム中で最長距離を記録した。

この時点で優勝を狙える位置にいるのは、東海大、ミシガン大、デルフト工科大の3チーム。ミシガン大とデルフト工科大は15分差で2位争いを演じていたが、東海大とは1時間以上の差がついていた。

「計測ゴールまではあと568キロ。ここまでは何とか無事に到着することができた。順調に走れば、明日の午後にはゴールできる。もう一度気を引き締め直し、チェックミスや人為的なトラブルに気をつけよう」

夕食前のミーティングで木村教授はメンバーにそう声をかけた。

3日目
10/27
快晴

時間	トピックス
5:00	起床
5:30	アリススプリングス郊外で作業を開始。日の出とともに充電を開始。安全性を重視し、マシンの回転性能を上げるために後輪につけていた3WSシステムを取り外す
7:30	デルフト工科大チームの偵察隊が来訪
7:36	バッテリーが満タンになったため充電を中止
8:00	アリススプリングス郊外をスタート（ドライバー：徳田光太）
10:08	カルゲラに到着(スタート地点から1766キロ)。ドライバーが徳田から篠塚建次郎に交代
10:18	カルゲラを出発。次のコントロールストップまで、今大会で最長の410キロにわたる区間が始まる
10:30	ノーザンテリトリー（北部準州）からサウスオーストラリア州に入る。ここから制限速度が時速 110キロとなる
14:10	クッバーピディに到着（スタート地点から2176キロ）。ドライバーが篠塚から佐川耕平に交代
14:40	クッバーピディを出発。走行中、キツネと遭遇する。一瞬目が合った後、キツネが道路脇に逃げて無事通過
16:00	東海大学情報技術センターから送られてくる衛星画像を確認したところ、明日は雲が多くなることが予想されたため、バッテリーを温存するためにスピードを時速100キロ程度に落とす
17:07	グレンダンボでこの日のレースを終了（スタート地点から2430キロ）。コントロールストップが17時で閉鎖となったため、規定の停車は明日朝に持ち越しとなる
18:41	発電を終え、マシンをトラックに積み込む。この日はグレンダンボのモーテルに宿泊
20:00	ミーティング後に夕食。この日のメニューはカレーライス

グレンダンボで、充電台に載せた太陽電池パネルを太陽に向けるメンバーたち。突風などで飛ばされないよう、充電中はしっかりと充電台を押さえていなければならない

走行距離：898キロ　合計走行距離：2430キロ
最高時速：113.92キロ
最大発電量：1720ワット

1位　東海大学（日本）
2位　ミシガン大学（アメリカ）
3位　デルフト工科大学（オランダ）
4位　大阪産業大学（日本）

Interview

信念があれば夢は必ず叶う

ドライバー兼特別アドバイザー
佐川 耕平

佐川耕平 さがわ・こうへい

東海大学工学部卒、大学院工学研究科修了。富士重工業勤務。東海大学付属翔洋高校の自動車研究部でソーラーカーと出会い、大学、社会人を通じて東海大チームの活動に携わる。GGC参戦では電気関係やテレメトリーシステムの開発をサポート。レースではドライバーも務めた。

高校時代にソーラーカーでオーストラリア大陸を縦断してから10年。そのときは、走ることで精いっぱいでした。そして、ちょうど10年という節目に、今度は後輩たちとグローバル・グリーン・チャレンジ（GGC）に出場し、しかも優勝できるとは考えてもいませんでした。

東海大学在学中も木村英樹教授の研究室に所属し、電気自動車やソーラーカーの開発に取り組んできました。今回、オーストラリアの大地を後輩である学生たちとともにソーラーカーで駆け抜けることができ、非常に感慨深かったですね。ソーラーカーの魅力は、何より「自分の手で一から作ったものが実際に動く」ということ。スーパーに行けば調理済みの総菜が売られている。おもちゃ屋さんには完成品のプラモデルがある。一から形を作っていくことは、そう経験できることではないんですね。そこにひかれて、これまでも活動してきたといってもいいと思います。だからこそGGC挑戦が決まったとき、「会社を休んででも参加したい」と強く思いました（笑）。とはいえサラリーマンですから勝手に長期間の休みは取れません。恐る恐る上司に申し出たところ、「会社としての協力まではできないが、休みは取れるようにしよう」と快く認めてもらいました。

こうして参加できることになったのですが、初めのうちは不安も多かったですね。今回の学生メンバーには、フルサイズのソーラーカーを製作した経験者が一人もいなかったからです。さらにレース経験も少ない。高校時代からエコノムーブ（小型の電気自動車）の大会で活躍してきた学生もいるので、技術力や製作能力は一応あるはず。きっかけさえあれば作ることは可能だと思っていましたが、一筋縄ではいきませんでした。平日は会社勤めなので、大学まで行ける日数は限られてきます。金曜に仕事を終えて湘南キャンパスへ向かい、週末は学生たちと一緒に製作に取り組み、相談に乗るということを繰り返しました。

社会人と学生では何が違うのかというと、一番大きいのは時間の使い方です。「大会に間に合わせるためには」と計算すると、「この週は何をしなくてはいけない」「この時間までにはここまで進めなくてはいけない」などの管理をできるのが社会人です。ですが学生はそれがまだできない。毎日のように電話やメールで進捗状況を聞くのですが、予定通りに進んでいない。のめり込むのは学生の特権だし、良いところでもあるのですが、一つのことにこだわりすぎて、全体の作業日程を結果として無視してしまう傾向があります。優先順位をつけて最終的には必ず期限に間に合わせようと何度も言いました。分からないことがあったら何でも聞いてほしいとも。僕でも分からなければ木村教授もいるし、池上敦哉さんというその道のプロもいる。でもなかなか質問してくれない。「今どうなの」「何が問題なの」と聞くとやっと話してくれる。最初はその繰り返しでしたが、レースが近づくにつれて学生たちは積極的にコミュニケーションを取ってくれるようになり、時間への意識も高まっていったように思います。

自分としては、学生たちと一緒にやるというスタンスは取りながらも、彼らが主体だという意識があったので、全体の進捗を見ながら「ここはこうして進めよう」というきっかけ作りに努めました。学生たちは作業に没頭してしまうと全体が見えなくなってしまうので、一歩引いた状態で見守ろうと。それでも、彼らは確かに変化していきました。自分たちで率先して「何時から作業を始めよう」と自発的に動けるようになっていきました。レースに入ってからは、それぞれの役割をしっかりと認識できるようになっていった。さらに、お互いを支え合うという意識も生まれたように感じました。

レースに出よう、車を作ろう、という学生たちの夢への挑戦とそのプロセスは非常に貴重な経験になったと思います。私自身も一緒になって夢を追うことができました。強い信念を持って活動すれば夢は叶う。学生たちとの挑戦で、そのことをあらためて感じることができました。

第4章

栄光のゴールに向かって

レースも終盤にさしかかる中、これまで順調な走行を続けていた東海大チームにも不測の事態が襲いかかる。果たして無事にたどり着けるのか？　後方ではライバルチームも壮絶な戦いを展開していた。ようやく迎えたゴールの瞬間。そこには学生たちの想像を上回る光景が待ち受けていた。10カ月に及ぶ挑戦の果てに彼らが得たものとは——。

トラブル発生か？

午前6時前に日が昇り始めると、オーストラリアの大きくて広い空がゆっくりと赤く染まっていく。4日目の朝。ゴールまではあと560キロほどだ。

「最後まで気を抜かないようにしながら、しっかり作業をしていこう」

メンバーらは雲の様子などを確認しながら出発前のチェックを進める。ここまで3日間にわたって築き上げてきた手順に従ってきびきびと動く姿に、「朝晩の作業では、もう僕たちが手を出すまでもない」とテクニカルディレクターの池上敦哉も目を細める。

午前8時前には佐川耕平がマシンに乗り込んだ。前日のグレンダンボ到着が定刻の午後5時から7分遅れ、コントロールストップ地点直前での走行終了という扱いになっていたため、この日のスタートは8時7分。3メートル進んでそのまま30分間のコントロールストップに入ることになっていた。ちょっとした珍事に大会運営スタッフも笑ってスタートのカウントダウンをする。メンバーもすでにコントロールストップ入りの準備態勢になっている。

「5、4、3、2、1、GO！」。佐川がアクセルを踏み込む。

ところが……。マシンがピクリとも動かない。もう一度踏み直しても、マシンを動かすモーターは止まったままだ。余裕の笑顔だったメンバーの顔が凍りつく。

「何のトラブル？」と木村英樹教授が無線で声をかけるが、操縦席の佐川からは「分かりません」

との困惑した返事が。

この3日間、「トラブルが起きなければいいけれど、長丁場のレースでは期待通りにはいかないはず。いつか何か起きるんじゃないか?」と常に心配をしていた。特に、電気回路を流れる電流などが安定しない走行開始直後の1、2時間は、一日の中で最もトラブルが起きやすい時間帯でもある。「恐れていたトラブルが、ゴールを目前にしたこのタイミングでとうとう起きてしまったのか」。不安が駆け巡った。

「もう一度最初からやり直してみます」。佐川はメンバーに無線で伝えると、操縦席についているすべての電源スイッチを切った。心を落ち着かせるために大きく息を吐いた後、もう一度ゆっくりと主電源を入れ直す。続いて太陽電池パネル、モーターのコントローラー、MPPTと、順番にスイッチを入れていく。そのたびに「パチン、パチン」と操縦席に響く音が無線を通して聞こえてくる。

「お願いだ! 動いてくれ」。そう祈りながら、恐る恐るアクセルを踏み込む。すると、その思いに応えるかのようにマシンが再生した。動き出した瞬間、まばたきも忘れて見守っていたメンバー全員が大きく息を吐いた。

「トラブルを防ぐために、今日は主電源を切らないことにしよう」

電気班はここでコントロールストップでの作業手順を変えることに決めた。通常の作業では、停車中の消費電力を抑えるために主電源を落としてから各部をチェックする。だが、電源を落としたときに再びモーターが動く保証がない今、通常の手順で作業するのはリスクが高い。「消費電力は大きくなるが、順調に動いている今の状態を保つことを優先しよう」と考えたのだ。

そして8時37分、東海大学チームはグレンダンボを後にした。

スタートこそ慌てたものの、一度走り出せば順調だった。スチュアートハイウェイの沿道には、塩分を多く含んだ湖水が干上がってできる真っ白な塩湖が見られるようになっていった。次第に一般車両の数が増え、道路と並走する線路に貨物列車が行き交う。街が近づいてきた。海にも近づいているため、空を流れる雲の数も多くなってきた。太陽電池パネルにとっては天敵の雲も、ゴールが近づいた証だと思えば喜びに変わっていく。

10時21分、東海大チームは最後のコントロールストップがある港町ポートオーガスタに到着した。

壮絶な2位争い

同じころ、後方ではミシガン大学チームとデルフト工科大学チームが壮絶な2位争いを繰り広げていた。

初日に2位になったミシガン大チームはここまで順調に走行。東海大から約80キロ遅れた地点につけていた。その後を追うデルフト工科大チームは、スタート直後こそ発電系統の接続不良でスピードが出ないトラブルに見舞われたものの、復旧後は前回大会までこのレースで4連覇を果たしている実力を発揮し、徐々にミシガン大との差を詰めていた。

両者の差が一気に縮まったのは3日目、レース中間点となるアリススプリングスだった。ミシガン大チームは4分ほどの差で到着し、いつも通りの手順でマシンのチェックを終えた。しかし、いざスタートしようとした瞬間、全くマシンが動かない。原因は太陽電池パネルの接続ミスだった。徐々に差を詰められ、追われる立場での焦りが生んだミス。結局、両者はほぼ同時にスタートする。ここから2日間にわたるデッドヒートが繰り広げられていく。両チームはお互いのマシンを目で確認できる距離で走りながら、抜きつ抜かれつのレースを展開。3日目は午後4時前にデルフト工科大チームがバッテリーを温存するために減速し、ミシガン大チームが15分ほどの差をつけてレースを終えた。

そして迎えた4日目。先にしかけたのはデルフト工科大チームだった。

ポートオーガスタのコントロールストップを終えた後、時速120キロの猛スピードでミシガン大チームを追い抜く。そのまま加速していくかに思われた直後、突然マシンが減速する。すかさずミシガン大チームが抜き返す。負けじと追走するデルフト工科大チーム。

喜びに沸くミシガン大チームに対し、デルフト工科大チームのメンバーは冷静だった。実はこの動き、彼らがしかけた罠だったのだ。両チームはデッドヒートを繰り広げながらも、街中での走行や曇天などの影響でバッテリーを大きく消耗させていた。そうなると勝負を分けるのは太陽電池パネルの発電効率をはじめとするマシンの性能だ。公称の発電効率34%の太陽電池パネルを積んだデルフト工科大チームに対し、ミシガン大チームは30%。数値がそのままソーラーカーの走行性能差にはならないにしても、太陽電池パネルの性能で上回ることは間違いない。その差に賭けたのだ。

勝負が決まったのはスチュアートハイウェイにある最後の急な登り坂だった。まるで山登りのような勾配を走行する途中、ミシガン大チームのマシンが急に減速してしまった。エネルギー切れだった。その脇をデルフト工科大チームが悠々と抜いていく――。坂の頂上まであとわずか。登りきった先には大きな下り坂が待っていた。ぎりぎりのところでミシガン大チームは敗れたのだ。

大歓声を上げるデルフト工科大チームと、がっくりと肩を落として作業をするミシガン大チーム。バッテリーの充電を終えて再びミシガン大チームが走り出したときには、すでに両者の間には30分以上の差が開いていた。

突然のパンク発生

200キロほど前を走る東海大チームは、少しずつ数を増してきた対向車や一般車両に気をつけながらの走行を続けていた。トップを快走するチームを取材しようと並走していた報道陣の車両も、先回りするためすでにゴール地点に向かい、マシンの前後には先導車と指令車、伴走車に乗るメンバーがいるだけになっていた。

「ゴールまであとわずかだ」。誰もが快適にドライブを楽しんでいるときだった。ドライバーの篠塚から「何か音がする」という無線が指令車に入った。

「何が起きたんだ!」。そう思いながらマシンを見ると、確かに車体がわずかに左に傾いている。

「パンクだ」。篠塚が慎重にスピードを落としながらゆっくりとマシンを路肩に止める。

その瞬間、先導車と指令車、伴走車に乗っていたメンバーがタイヤを外すためのレンチやスペアタイヤを持って各車両から素早く飛び出す。もしもパンクの衝撃でタイヤ以外のパーツにダメージがあれば大事に至ることもある。今回のレースでも首位スタートのオーロラチームがパンクした拍子にサスペンションを破損し、半日にわたる修理を余儀なくされる事故も起きていた。マシンへのダメージを確認する必要があったのだ。

マシンに駆け寄ったメンバーらは手分けをしてタイヤカバーを外し、タイヤとホイールをつなぐ金具を外す。ほかのメンバーが交換用のタイヤを用意し、一般車両に注意をうながす赤い旗を振り始める。皆がきびきびと自分の役割をこなしていく。

3日間にわたるマシン整備でしっかりと締め上げられた金具はなかなか外れず、最後は足でレンチを踏み込んで外した。素早くボディを持ち上げ、メンバーの一人がその下に滑り込んでタイヤを外す。待ち構えていたメンバーからスペアタイヤを受け取って、レンチで金具を締め上げた。ブレーキやボディをチェックしたが、マシン自体に異常は見つからなかった。

このパンク発生からタイヤを取りつけ終わるまで、その間たったの8分。タイヤ交換を終えたマシンは再びコースに戻っていった。

タイヤの交換を担当した徳田は、「このときの作業が、皆で育んできたチームワークの集大成だった」と振り返る。レース前にもタイヤ交換の練習はしていたが、幸いここまでレース中に実

レース４日目の朝。高まる期待と不安をおさえつつ、スタートに向けた準備をするメンバーら

横風で横転した大型トラックの脇を抜けていく。トラックの部品や路肩の小石でマシンを傷つけないよう、気をつけながら走っていった

急斜面を駆け下りる「東海チャレンジャー」。レース前半は平らな道が続いたが、後半にはこうしたアップダウンが各所に見られた

パンクしたタイヤの交換は、レースを通して培ってきたチームワークが発揮された瞬間だった

践することは一度もなかった。それでもメンバーらは話し合い、万が一に備えて工具やスペアタイヤを用意し、その置き場所も共有、パンクが起きたときには迅速に動けるようなシミュレーションを怠らずにいたのだ。学生たちが今回の挑戦を通して培ってきた、集い、挑み、成し遂げる力が発揮された瞬間だった。

ゴールまであとわずか。市街地が近くなるにつれて一般車両の通行量はますます増えていく。「ここまであっという間だったな」。変化に富んだ風景を眺めながら、メンバーの頭にはこれまでの日々が走馬灯のように流れては消えていった。昨年12月に始まった挑戦。作業が思うように進まずいらだちの募った「ものつくり館」での日々。焦りと戦ったダーウィンでの毎日。辛すぎてほとんど記憶がない時期もある。次々と立ちはだかる壁にぶつかり続けた10ヵ月間だった。「途中で投げ出したくなったことは何度もあった。だけどほかのメンバーがいてくれたから、今のこの瞬間がある。ゴールまであと少し。疲れはあるけれど集中力を落とさず頑張りたい」。流れてゆく景色を見ながら、徳田はもう一度気持ちを引き締めた。

アデレード市内に入ると、これまでほとんどなかった信号にもつかまるようになっていた。先導車や指令車のメンバーは連携しながらマシンをサポート。一般の車両と衝突しないよう気をつけながら、慎重に走っていく。「どうやってゴールしようか」と楽しそうに相談するメンバーたち。「皆で頑張ってきたんだ。どうせなら格好よくゴールを演出したいよな」などと軽口も飛ぶ。「戦った相手は、いずれも想像もできないほどのスーパーチームばかり。それを僕らが破る。本当に信じられないよ」と話す者も。

レースの正式なゴールはアデレード市内にあるビクトリアスクウェア。その20キロほど手前2998キロ地点に、各チームの順位と走行時間を記録するための計測ゴールが設けられていた。これまでの大会であれば計測ゴールを過ぎた後、そのままビクトリアスクウェアまで走ることになっていた。ところが今回は東海大チームの到着が大会主催者の予想よりも早かったためにゴール準備ができておらず、この日に目指すのは計測ゴールまでとなっていた。

残り10キロ。「マシンを迎えるために先行します」というひと言を残して、指令車の後ろを走っていた伴走車が隊列を追い越していった。残ったのは先導車と指令車だけ。伴走車が向かった計測ゴールには、輸送トラックや偵察車、遊撃車のメンバーが待っている。

「報道陣はどのくらい集まっているんだろうか」「日本で応援してくれている人たちにも早速電話しないといけないな」。皆、それぞれの思いを胸にゴールへと向かう。

午後2時半過ぎ、いよいよ計測ゴールが見えてきた。そこは道路脇にある待避所だった。グローバル・グリーン・チャレンジと書かれた看板がなければ見落としてしまいそうなくらい小さく、路面も舗装されていない。「期待していたよりも小さいんだな」。マシンと指令車のメンバーらはそう思いながら計測ゴールに入っていった。

コーナーを曲がったそのとき、待ち構えていたメンバーの笑顔が飛び込んできた。皆、青地に白の十字が描かれた東海大学の校旗を手にしていた。どの顔も輝いている。報道陣のカメラも数多く待ち構えていた。もう、そこが小さな待避所であることなど関係ない。東海大チームのためのお祝いの舞台が用意されていた。人混みの向こうでは黄色いシャツを着た大会運営スタッフが、時計を片手に手招きをしている。マシンはゆっくりと計測ゴール地点へと向かっていく。待ち構えていたメンバーらも校旗を片手に駆け出していた。

大会運営スタッフの脇にマシンが止まった瞬間、東海大チームの記録が確定した。走行時間29時間49分。前回の2007年大会でデルフト工科大チームが記録した33時間を大きく上回る、大会新記録だった。

先導車と指令車のメンバーも喜びに沸くチームの輪に加わる。誰彼となく抱き合う者、「おめでとう」と声をかけ合う者も。報道陣の取材攻勢にあう木村教授と篠塚。その合間にもチームの快挙を聞きつけた日本からの携帯電話が鳴りやまない。

そこに、デルフト工科大チームの広報車が祝福にやってきた。

「おめでとう！　君たちは素晴らしいチームだ」と、デルフト工科大のメンバーが声をかける。その直後、広報車に積まれたスピーカーから聞き慣れた音楽が聞こえてきた。誰もが耳を澄ます。何小節か進んだとき、誰かが「東海大学の校歌だ！」と叫んだ。アデレード郊外の小さな待避所で聞くとは思いもよらなかった。デルフト工科大のメンバーが、右手を左胸に当てた敬礼の構えで東海大に敬意を表しながら笑う。東海大チームのメンバーもそれにならう。

実はこの校歌、レース中に様子を見にきたデルフト工科大チームのメンバーと音楽データを交換し合ったものだった。東海大チームも指令車に積んでいたパソコンの音量を最大にして、デルフト工科大のテーマソングを流す。ライバルとはいえ、互いに太陽エネルギーだけを使って戦い抜いた者同士の友情の絆が、そこにはあった。

チームマネジャーの竹内は、「ずっと目指してきたレース。その大舞台で全員が一つになって最高の結果を勝ち取ることができた。それが何よりもうれしい。デルフト工科大のメンバーが一緒になって優勝を祝ってくれたとき、〝僕たちは本当に優勝したんだ！〟という実感がわいてきた」と顔をほころばせる。頭上に広がる空には、ひときわ白い太陽が輝いていた。

感動のセレモニーゴール

29日朝、前日アデレード市内のホテルに泊まった東海大チームは、朝から作業を始める。空はすっきりと晴れ渡っていた。優勝が確定するセレモニーゴールまではあと20キロあまり。そう思うと気持ちは軽かった。

午前8時、計測ゴールをスタート。交通量の多くなった市街地の道路を、一般車両に注意しながら走行する。マシンの前を先導車が走り、その後ろに指令車、伴走車など、メンバーらを乗せた車が続く。そこから40分。レースの終わりを惜しむようにゆっくりと時間をかけて進む。やがて街の中央にある広場、ビクトリアスクウェアが近づいてくる。

ビクトリアスクウェアに設けられたゴールには、多くの大会関係者や市民、報道陣が詰めかけ

4日目
10/28
薄曇り

時間	トピックス
5:00	起床。タイヤやサスペンション、電気回路などを入念にチェックする。ゴールに備えて指令車や伴走車の汚れも拭き取る。日の出とともに充電を開始
8:07	昨日17時7分まで走ったため、7分遅れでスタート（ドライバー：佐川耕平）。前日持ち越しとなったコントロールストップを受けるためマシンを前進させようとしたところ、モーターが動かないトラブル発生。チームに緊張が走る。もう一度マシンの電源を入れ直したところ回復したため、そのままコントロールストップに入る
8:37	グレンダンボを出発
9:30	巨大な塩湖にかかるエウコロクリーク橋を通過。この後、丘陵地帯に広がる麦畑を抜けるなど、変化に富んだ景色が広がり始める
10:21	最後のコントロールストップとなる港町ポートオーガスタに到着（スタート地点から2719キロ）。チームとしては4日ぶりに海を見る。ドライバーが佐川から篠塚建次郎に交代
10:31	ポートオーガスタを出発
12:50	左前輪がパンク。路肩に止めてタイヤを交換する。所要時間8分
14:39	アデレード市郊外の計測ゴールに到着（スタート地点から2998キロ）。順位とタイムが確定する。所要時間29時間49分（平均時速100.54キロ）は大会新記録
14:50	デルフト工科大チームの広報車が計測ゴールに来訪。東海大学の校歌を流して優勝を祝福する

計測ゴールポイントで喜びを爆発させる。10カ月間にわたる挑戦を戦い抜いたメンバーの顔は、充実感にあふれていた

走行距離：568キロ　合計走行距離：2998キロ
最高時速：123.8キロ
最大発電量：2030ワット

最終順位
優勝　東海大学（日本）
2位　デルフト工科大学（オランダ）
3位　ミシガン大学（アメリカ）

ていた。その中に、東海大学学長室長の平岡克己工学部教授の姿もあった。平岡教授は、東海大の教職員チームが1993年に前身のワールド・ソーラー・チャレンジに初出場したときから、ソーラーカーにかかわってきた大学教員の一人。大学の伝統を引き継いで快挙を成し遂げたチームを迎えようと、前日の夜の飛行機で日本から駆けつけたのだ。そのほか、シャープなどの現地社員も待ち構えていた。

ゴールまで真っすぐに延びた道をマシンがゆっくりと進んでいく。「アデレード・オーストラリア」と書かれたゲートをくぐり、サウスオーストラリア州の旗が振り下ろされた瞬間、東海大チームの優勝が確定した。

日本の大学チームとしては初。日本から参戦したチームとしては96年のホンダ以来、13年ぶりの快挙だった。

コックピットから出てきた篠塚をカメラマンが取り囲む。日本から持ってきていた発泡大吟醸酒での〝シャンパンファイト〟も始まった。互いに酒をかけ合い、「やったぞ！」と叫び声を上げる。頭から足先まで全員が美酒に濡れている。

メンバーの誰かが「噴水に行こうぜ！」と叫ぶ。その声を合図に優勝の感慨にひたっていたメンバー全員が目の前にある噴水へと走り出した。チームマネジャーの竹内が皆に抱え上げられ、噴水に投げ込まれる。その後、メンバーらが次々と飛び込んでいった。グローバル・グリーン・チャレンジの恒例行事、噴水パーティーが始まった。

ともに水をかけ合い互いの健闘を祝う。祝福の輪には木村教授も加わっていた。木村教授がこの大会に初めて参加したのが96年。それから13年間。教授自身もこの瞬間をずっと目指してきた。思わずガッツポーズをした教授に、周りにいた学生たちが水を浴びせかける。メンバーの歓声が、真っ青に広がるアデレードの空に吸い込まれていった。

10分ほどのち、2位のデルフト工科大チームがシャンパンをマシンに振りまきながら華やかにゴールしてきた。オランダ国旗や風船の束を持っているメンバーもいる。ゴールを見守る観客の間から、優勝チームに負けず劣らずの声援が投げかけられた。

東海大チームのメンバーはあっけに取られてしまった。太陽電池パネルにシャンパンをまけば、パネルにはシャンパンのアルコールと糖分がついてしまう。拭き取るには専用の洗浄剤が必要で、容易な作業でない。とても真似のできる芸当ではなかった。

それだけで終わらない。東海大チームのメンバーはゴール直後の彼らから、「噴水に行こう！」と誘われたのだ。否も応もなかった。勢いに押されるようにして再び飛び込むと、国を超えての噴水パーティーが始まった。すべての苦労を吹き飛ばすような明るいムードに、メンバーたちのボルテージも上がっていく。誰からともなく「トーカイ」「トーカイ」の大合唱が始まった。

「こりゃぁかなわない」。大合唱の後、ぐっしょり濡れたシャツを絞りながら東海大チームの誰もが驚いていた。ただ単に、マシンの速さを競うためだけに大会に参加するのではなかったのだ。

幸運にもレースでは優勝した。だが自分たちには、待ち構えていた観客とともにゴールの喜びを分かち合えるような演出も用意できなかったし、他チームを称える余裕もなかった。まして、負けてしまったときに優勝チームを称賛することなど考えもしていなかった。経験と自信に裏打ちされたデルフト工科大チームの総合力は、東海大チームを圧倒していた。

優勝チームは2011年に開かれる2年後の大会に招待される。「次回参加するときは、総合力でも負けないチームとして挑みたい」。誰もが心の底からそう思った。

翌日、東海大チームは帰国に向けた準備に取りかかった。指令車からインマルサットシステムや回転灯、無線機器を外していく。どれもがトヨタ自動車、日本デジコムなどから提供を受けたものだった。

「本当に多くの人に助けられたな」

一つひとつの部品を点検し掃除しながら、メンバーらは考えていた。思えば今回の挑戦は、木村教授をはじめとする東海大学の教職員、篠塚や佐川、菊田といった卒業生、そしてシャープやパナソニックなどのサポートがあったからこそ実現したものだった。

「とても貴重な経験をさせてもらった。決して無駄にしちゃいけない」。部品を掃除する手にも力がこもった。

同じころ、ビクトリアスクウェアに設けられた展示場ではメンバーの代表が見学者らの対応に追われていた。他チームの学生や市民が相次いでマシンに詰めかけて説明を求めてくる。

「すごい注目だな」

学生たちは、あらためてオーストラリアでのこの大会の偉大さをかみしめていた。レースが始

太陽電池パネルの上にシャンパンを振りまきながらゴールをするデルフト工科大チーム

噴水パーティーの後にはチームシャツの交換も行われた

表彰式で優勝記念の盾を受け取る。会場は大きな拍手に包まれ、ここでも「トーカイ」の大合唱が沸き起こった

チーム拠点のある湘南キャンパスにもチームの快挙を伝える垂れ幕が掲げられた

まるまでは、ほとんど注目をされていない並のチームだった。それが今、世界一のチームとして扱われ、尊敬を集めている。

なぜ優勝できたのか?

世界最高レベルのパーツ、多くの人々のサポート、そしてメンバーの結束の3つの要素を融合することができたからだろうと皆思っていた。約10カ月にわたる挑戦の日々。メンバー同士のコミュニケーションが取れず、チーム内で不信感が高まったこともあった。だが、最後は各メンバーが自ら役割を見つけ、責任を果たすチームになった。

篠塚はレース前、「世界最高のマシンとメカニックが集まっても、すべてが融合しなければレースでは勝てない」と言っていた。多くの人が集い、チームになることができれば、一人ではできない大きなことも達成できる。今回の結果はその象徴なのだ。

「この経験を、チームの財産として後輩たちにしっかり引き継ぎたい」。皆、そう考えていた。

その夜に行われた表彰式には、参加チームや大会関係者が一堂に集結した。大会の様子をまとめたダイジェスト映像が放映され、各部門の入賞チームに記念の盾が渡されていく。

そして最後に、ソーラーカー部門の優勝チームとして東海大学の名前が呼ばれた。客席にいたメンバーが一斉にステージに駆け上がる。会場には温かい拍手の音が響いた。サウスオーストラリア州知事から太陽をかたどった優勝トロフィーが手渡された瞬間、会場はひときわ大きい拍手と歓声に包まれた。

「ウィー・アー・ナンバーワン!」。メンバーは優勝の喜びをもう一度爆発させた。

東海大チームが神奈川県平塚市にある湘南キャンパスに帰ってきてから4カ月ほどたった冬のある日。キャンパス内にあるチームの拠点「ものつくり館」に、沖縄からソーラーカーの製作を夢見る高校生たちが訪ねてきた。生徒らは東海大チームのマシン「東海チャレンジャー」を熱心に見学し、メンバーの説明に耳を傾けていた。彼らは東海大チームの活躍を知り、自分たちも2011年のGGC大会を目指そうと視察にきたのだった。

このほか、優勝マシンをひと目見たいと全国から中高生らが次々と訪れた。それ以外にも、環境技術の国際展示会やテレビ番組への出演、新聞・雑誌の取材など、チームは一躍〝時の人〟となり、学業のかたわら忙しい毎日を送っていた。

「優勝したことで、多くの人がソーラーカーや電気自動車に興味を持ってくれるようになった。僕たちが所属するライトパワープロジェクトでは、さまざまな活動を通してエネルギー問題について多くの人に関心を持ってもらうことを目標に掲げているので、この状況はとてもうれしい。でも、のんびりとしてはいられない。次回は追われる立場になる。マシンにも改良できる点はまだまだありますからね」

そういって竹内が笑う。隣ではメンバーらがマシンの改良に向け、打ち合わせをしている。

新たな夢へ、東海大チームの挑戦はもう始まっていた。

Interview

体験を通じて学生は成長した

ライトパワープロジェクト
プロジェクトアドバイザー（工学部教授）
木村 英樹

「究極のエコカー技術」だけでなく、実際のクルマづくりを通して、大学の講義を聴いているだけでは得られない達成感や挫折、コミュニケーションの大切さなどを学べる――。そのことこそが、これからの社会に必要とされる新エネルギー、省エネルギー分野の最先端ともいえるソーラーカー研究の教育的意義だと考えています。

社会的注目度を反映するかのように、「ソーラーカー研究をやりたい」という学生が毎年数多く入学してくるだけでなく、大学でソーラーカー研究に携わった学生を企業側も積極的に採用し、大勢の卒業生が社会に出てからも活躍しています。

入学した学生を社会に役立つ人材に育て、社会に輩出していく――その点においてもソーラーカー研究の社会貢献度は高いと考えています。

木村英樹 きむら・ひでき

1996年から約13年間にわたり、東海大学のソーラーカー研究の中心メンバーとして活躍。ライトパワープロジェクトのプロジェクトアドバイザーとして、学生たちへの指導・助言を行っている。

だからこそ、東海大学では長年にわたりソーラーカー研究を継続しているのです。ソーラーカーに限らず人力飛行機や電気自動車、ロボット、ロケット、フォーミュラーカーなど、ものづくりを通じて技術を学ぶ実践教育は、世界をリードする大学のトレンドとなっています。自分たちが設計して作ったものがそのまま性能という形で現れるため、成功も失敗もひと目で分かる。

たとえば、数式計算やシミュレーションといった、机上の理論ではうまくいくように思えたとしても、実際に試してみると想像もしないトラブルに見舞われることがあります。その経験を通じて学生たちは、図面だけでは分からない、見えないことがあることを感覚として知る。理論だけの頭でっかちになるよりも、「これは壊れそうだ」「時間がたつと折れてしまうかもしれない」といったイメージを実感として持った上で学んだことを役立てるほうが、結果的には実社会で役立つ技術を習得する早道になると思っています。

それでは、ものづくりだけに飽き足らず国内や海外のレースになぜ出場するのかというと、最大の理由は自己満足で終わらせないためです。「自分たちはこんなに格好のいいクルマを作った」と満足していたとしても、実際のレースでは壊れたり、タイムが思うように出なかったり、予期しない出来事が数多く起こります。自分たちが正しいと信じたことが必ずしもそうではないことに気づくことで、自分たちの頑張りを客観的に評価できるのです。

特にグローバル・グリーン・チャレンジ（ＧＧＣ）のような海外の大会では、世界レベルの発想や技術を目の当たりにできます。日本国内ではメールや電話で気軽に情報交換できるため、他チームの車体や性能をある程度はイメージして本番に臨むことができます。しかし世界の大会では、自分たちとは全く違った発想の車体が集まってきます。今回のＧＧＣでいえば、自転車のタイヤや家庭用太陽光電池など、身近に手に入る部品だけで車体を作ったマレーシアチームや、実用車としての可能性を追求したドイツチームなど、「速さ」だけにこだわらないユニークな発想の車が同じレースに出場する。さらに、現地ならではの厳しい自然や、パワフルな外国人チームのメンバーらとふれあうことで、世界にはいろいろな考え方がある、ということが分かる。本当に強いもの、日本よりも過酷な環境に出くわすことで、自分たちも頑張ってきたのかもしれないけれど、世の中には同じように頑張ってきた人たちが大勢いることを知るのです。

オーストラリアで開催されたＧＧＣでは、日本とはまるで違う過酷な環境に落とし込まれ、日々緊張の連続で辛かったかもしれません。しかしその分、挫折しそうになりながらもメンバー同士で力を合わせ、優勝という結果を残せたことで、学生たちは人間的に大きく成長したのではないかと思います。

今回のレースで、東海大チームは省エネルギー性能に優れた速いソーラーカーを作り、優勝することはできました。しかし発想の豊かさ、幅広さという観点から見れば、世界のトップに立ったとはとても言えません。まだまだ世界は幅広く奥深い。そのことを肝に銘じて、今後のプロジェクト活動を学生たちとともに発展させていきたいと考えています。

Interview

勝負の中に、人間のすべてがある

ラリードライバー
篠塚 建次郎

最近、他人とあまり競争しちゃいけないなんて言う人も多いですが、僕はそうは思いません。東海大学1年のときに友人に誘われてラリーを始め、それから42年間レースの世界に身を置いていますが、その中で感じるのは、技術や人間自身というのは競争によって磨かれていくということです。一つでも競い合うことがあれば皆で頑張って結果を出して、その結果で喜んだり泣いたりできます。そのプロセスが人間にとって素晴らしいものだと思うのです。

篠塚建次郎 しのづか・けんじろう

東海大学工学部卒業後、三菱自動車に入社。ラリードライバーとして、パリダカールラリーや世界ラリー選手権などに参戦。97年のパリダカでは日本人初の総合優勝を達成。2008年に、チャレンジセンター・ライトパワープロジェクトの特別アドバイザーに就任。南ア、オーストラリアの2大会でドライバーを務めた。

勝負には人間の持つ本能・理性・知力・精神力・体力などのすべてが要求される。うらやましいと思ったり、憎らしいと思ったり、あいつが嫌いだから足を引っ張ってやろうと思ったりする一方で、協力しようとか、好きだとか思う。人間の持つすべての感情が1回の勝負の中で交錯するのです。その中で生きていると次第に自分自身をコントロールする力が研ぎ澄まされていく。人生が短期間に集約されているな、といつも感じます。体を使う陸上や水泳競技から自動車レースのように道具を使う競技まで、レースにはさまざまな種類があります。でも、どちらも人間の能力と技術の両立が必要です。ソーラーカーも同じで、しかも目に見える形で技術が重要になるため、人間も技術も相当頑張らないといけない。ずっとカーレースの世界にいる僕にとって、ソーラーカーレースは最高の競技です。

その可能性を認識したのは、２００８年に東海大の学生たちと出場した南アフリカでの大会で優勝したときです。その年、出場予定だったパリダカールラリーがテロの関係で中止になってしまいました。勢いづいていた気持ちが宙ぶらりんになっていたとき、母校から後輩たちに「夢をつかむ挑み力」というテーマで、柔道の山下泰裕先生（東海大学体育学部長）と一緒に体験談を語ってほしいという依頼を受けました。その打ち合わせの席で、大会出場の計画を木村英樹教授から初めて聞きました。その後もアフリカの治安や生活環境について何度かお話しするうちに、「一緒に来てもらえると心強い」とお誘いを受け、参加することになったのです。ソーラーカーの競技があるというのは十数年前から知っていましたが、自分が出るレースではないと思っていたので、実はあまり興味がありませんでした。ですが実際にドライバーとして乗ってみると、これがとてもよく走る。南アフリカでは11日間のレースで４２００キロを走破しましたが、マシンには何の不安もなかった。最初は「優勝した！」と喜んでいただけでしたが、よく考えてみるとものすごい車なんだと気づきました。太陽の力だけで、南アフリカの舗装もしっかりしていない道を４２００キロも走りきれるなんて、「これこそ地球に最も優しい車、一番のエコじゃないの」と……。

ソーラーカーに限らず自然エネルギーを使って走る自動車をつくるということは、地球温暖化や石油資源の枯渇が叫ばれている今の世の中にあって〝究極〟のことだと思います。石油などの天然資源は産出する国としない国があって不公平ですが、太陽はどの国にもほぼ公平にある。日本も天然資源がない国だから、太陽光をいろいろな分野に活用することを考えればきっと未来が開ける。そうしたことを踏まえて、今はソーラーカーの開発を「これからの自分の目標にしよう」と多方面に働きかけています。たとえば、世界の全大陸をソーラーカーで走りたい。その次はパリダカも走りたい。〝世界一過酷なラリー〟のイメージがあるパリダカをソーラーカーで走れば反響は大きいと思いますし、多くの人にその魅力を伝えることができるはずです。最終的にはソーラーカーを市販できるようにしたいですね。これを自分の一生の仕事にして、大きな夢に挑戦していこうと考えています。

グローバル・グリーン・チャレンジでの優勝は、多くのメディアに大きく取り上げられて注目を集めましたが、それはたまたまいろいろな要素が良い方向に向いた結果。いつ負けるかは分からない――それが勝負の世界です。でも〝戦うゾという姿勢〟はいつまでも持ち続けていたいですね。勝つことは文句なく気持ちいい。レースを通じてその感激を学生たちに味わってもらいたいし、僕自身、ラリードライバーとしてこれからも多くの人に感動を伝えていきたいと思っています。競争し続けますよ。

東海大学チームの活躍を通して最先端の環境技術に注目が

新聞や雑誌、テレビで数多く紹介される

東海大学チームの参戦発表から初優勝までの軌跡は、新聞各紙や雑誌などでも大きく取り上げられている。

参戦体制を発表した2009年9月7日の記者会見直後には、「宇宙用の太陽電池を搭載　東海大ソーラーカー　めざせ表彰台」（朝日新聞、9月8日）、「新型ソーラーカーを公開 東海大生開発　来月、世界レース出場」（読売新聞、同）など、新聞各紙が挑戦の概要を紹介。優勝直後には、読売新聞や朝日新聞などで速報記事が掲載された。その後も秋田魁新報が「社会に役立ちたい」（10年1月24日）と題して、車体班兼ドライバーとして戦った伊藤樹（工学部2年）のインタビューを掲載するなど、メンバーやマシンの活躍が折々に紹介されている。

一方、書籍や雑誌でも、チームの活躍を通して環境問題や最先端の技術を紹介する企画が数多く掲載されている。10年3月には、小中学生向けの百科年鑑『朝日ジュニア学習年鑑2010』（朝日新聞出版）が、地球温暖化を防ぐ切り札の一つとして東海大チームの参戦マシンを紹介。4月に発行された雑誌『Motor Fan illustrated　42号』（三栄書房）では、「優勝を奪取した『テクノロジー』の日本代表　東海大学が18年間培ったソーラーカーのテクノロジー」と題し、シャープ製の太陽電池や東海大とミツバが共同で開発したモーターなど、マシンに搭載された最先端技術を紹介しているほか、『TIME』『Newsweek』といった海外の雑誌にも記事が掲載された。

さらにオーストラリアのレースには、日本放送協会（NHK）と山梨放送の両テレビ局が同行。このうちNHKではソーラーカーレースの模様を伝える企画の一環として、約半年間にわたり東海大チームを取材。その模様はNHK総合テレビの教養番組「ワンダー×ワンダー」（2010年1月23日放映）などで詳しく紹介された。

また、太陽電池パネルを提供したシャープでは、チームの優勝と同社製太陽電池の性能・技術の高さを伝える新聞広告やテレビCMを作成。女優の吉永小百合さんがナレーターを務めたテレビCM「太陽とシャープ　ソーラーカー」篇（10年の元日から放映）は、大きな反響を生んだ。

チームの優勝を伝える、シャープ提供の新聞広告

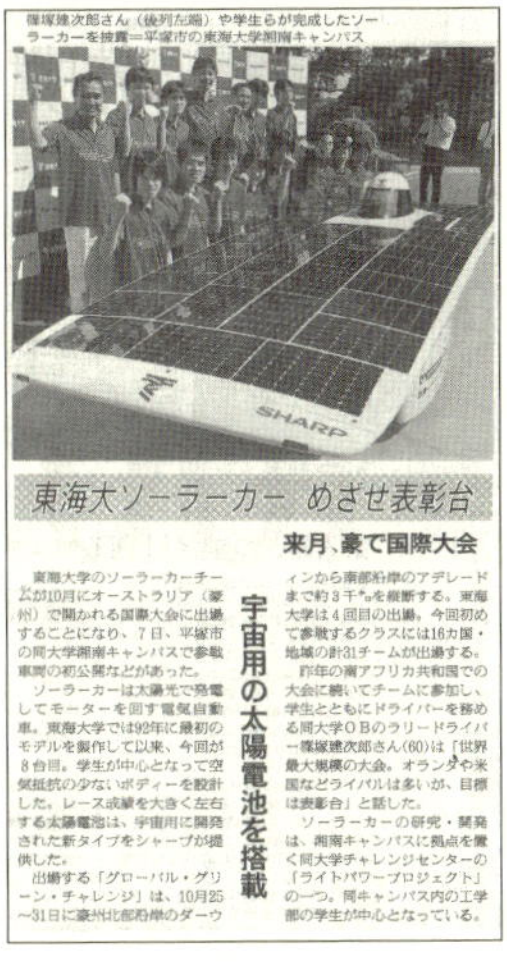

篠塚建次郎さん（後列左端）や学生らが完成したソーラーカーを披露＝平塚市の東海大学湘南キャンパス

東海大ソーラーカー めざせ表彰台

来月、豪で国際大会

宇宙用の太陽電池を搭載

東海大学のソーラーカーチームが10月にオーストラリア（豪州）で開かれる国際大会に出場することになり、7日、平塚市の同大学湘南キャンパスで参戦車両の初公開などがあった。

ソーラーカーは太陽光で発電してモーターを回す電気自動車。東海大学では92年に最初のモデルを製作して以来、今回が8台目。学生が中心となって空気抵抗の少ないボディーを設計した。レース成績を大きく左右する太陽電池は、宇宙用に開発された新タイプをシャープが提供した。

出場する「グローバル・グリーン・チャレンジ」は、10月25～31日に豪州北部沿岸のダーウィンから南部沿岸のアデレードまで約3千キロを縦断する。東海大学は4回目の出場。今回初めて参戦するクラスには16カ国・地域の計31チームが出場する。

昨年の南アフリカ共和国での大会に続いてチームに参加し、学生とともにドライバーを務める同大学OBのラリードライバー篠塚建次郎さん(60)は「世界最大規模の大会。オランダや米国などライバルは多いが、目標は表彰台」と話した。

ソーラーカーの研究・開発は、湘南キャンパスに拠点を置く同大学チャレンジセンターの「ライトパワープロジェクト」の一つ。同キャンパス内の工学部の学生が中心となっている。

朝日新聞、2009年9月8日

解説

ライトパワープロジェクトとは

ライトパワープロジェクトは、東海大学チャレンジセンターが支援、推進するプロジェクトの一つ。学部・学科を超えて集う学生たちが企画したチャレンジプロジェクトで、ソーラーカー、電気自動車、人力飛行機などの乗り物を設計・製作するのが主な活動となっている。これらの乗り物に共通する特徴は、炭素繊維強化プラスチック（CFRP）、超々ジュラルミンに代表されるアルミ合金などを組み合わせることで、極限にまで軽量化したボディを、光や人力などの少ないパワーで動かすという点にある。〝Light〟という単語には「光」とか「軽い」といった意味があり、これらの〝Power〟＝「パワー」を効率よく使えるようにする技術を磨くのがプロジェクトの目標で、これまでにも各種の大会に出場してきた。

電気自動車の省エネルギーレース「ワールド・エコノ・ムーブ」では、「ファラデーマジック2」が06から08年に3連覇を達成、バンコクで開催された「ワールド・エコカー・グランプリinタイランド」でも2連覇するなどの成果を挙げている。この「ファラデーマジック2」は、0・1馬力＝73ワットのパワーがあれば時速50キロで走行可能という驚異的な省エネルギー性能を持っている。これは、人が歩くときに消費するエネルギー以下で移動できることに匹敵する。また、燃料電池車の「マジカル燃料電池君」も08、09年と2連覇を達成している。ソーラーカーでは、「東海ファルコン」が06年の「ワールド・ソーラーカー・ラリーin台湾」のサーキットセッションで3位、07年の「ドリームカップ・ソーラーカーレース鈴鹿」

※東海大学チャレンジセンター

学部や学科の枠を超えた学生たちが、自由な発想で企画したプロジェクト活動を通じて、「集い力」「挑み力」「成し遂げ力」を体得し、社会的実践力を身につけることを目的としている。「3つの力」をプロジェクト活動に生かすために、演習を多く含む「行動する授業」チャレンジセンター科目も開講されている。

電気自動車「ファラデーマジック2」

秋田県大潟村で開催される電気自動車・燃料電池車の省エネルギーレース「ワールド・エコノ・ムーブ」

燃料電池車「マジカル燃料電池君」

人力飛行機「Fennel（フェンネル）」

電気自動車やソーラーカーを目の前で見て、実際に触れることで、環境問題に興味を広げてもらうことを目的とした「エコカー教室」や「ものつくり教室」などの活動も積極的に実施している

でも3位になるなどの成績を挙げた。さらに08年には、南アフリカで開催されたＦＩＡ（国際自動車連盟）公認「サウス・アフリカン・ソーラー・チャレンジ」の第1回大会に出場し、見事優勝を飾った。また人力飛行機も、琵琶湖で開催される「鳥人間コンテスト」で１６３３メートルの飛行距離を記録するなどの結果を残している。いずれも世界トップレベルの技術があって初めて達成されるものばかりだ。

その一方でライトパワープロジェクトは、レース用車体を設計・製作して大会に出場するだけでなく、環境啓発活動も積極的に展開している。たとえば近隣の幼稚園児、小学生を対象とした「エコカー教室」や「ものつくり教室」を毎年開催。また、高校生から一般までを対象とした「電気自動車・燃料電池車・ソーラーカー製作講習会」を日本太陽エネルギー学会とともに主催している。これらの「究極のエコカー開発と環境教育活動」が認められ、第6回かながわ新エネルギー賞、第5回ロハスデザイン大賞など数多くの賞を受賞している。さらに、湘南キャンパス近隣の障害者福祉施設・秦野精華園を利用する知的障害者の自立支援を実現させるために、製パン事業の活性化を目的とした活動にも協力した。この支援の中で、軽自動車のワンボックスカー車を改造して「パンの移動販売車」を製作したり、早朝の作業の軽減化を図るために、パンを焼くオーブンに電子タイマーを設置する援助などを行った。

さまざまな国際イベントからの協力要請も多く、東京ビッグサイトで開催された「エコプロダクツ」「PV EXPO」、幕張メッセ「新エネルギー世界展示会」、パシフィコ横浜「EVS 22」、ＮＨＫ放送センター「SAVE THE FUTURE」などに出展、多くの反響を呼んでいる。

ライトパワープロジェクトでは、これらの活動を通して、化石燃料の枯渇や地球温暖化の抑止など、エネルギー・環境問題の理解を深める活動を多角的に推進している。

東海大学とソーラーカー研究

１９７０年代に世界を襲ったオイルショック以降、日本では通商産業省などを中心に太陽光発電や地熱発電などの新エネルギー開発を進める「サンシャイン計画」が策定された。その中でも特に力を注いだのが太陽光発電技術の分野で、97年には世界一の生産量になるまでに成長した。

一方、80年代後半ごろからは、大気中における炭酸ガス濃度の増加による地球温暖化に警鐘を鳴らす研究者が現れ始め、石油枯渇問題と環境問題の両面から〝脱化石燃料〟へ向かう転換期が訪れた。この時代的要請に応えるために、東海大学の中にも風力発電や太陽光発電などの技術開発を行うプロジェクトが相次いで発足した。

東海大学の創立者である松前重義博士は「天然資源に恵まれない日本が世界に貢献していくには、独創的な技術開発による科学技術立国の道を歩むほかはない」と考え、56年の科学技術庁の設立に尽力した。このような歴史を背景に、無限のエネルギーである太陽光を利用して走行できる自動車開発を目的として、91年5月に「東海大学ソーラーカープロジェクト」が東海大学総合科学技術研究所に発足した。

そして92年、第1号車となる「かもめ50号（Tokai 50TP）」（四輪2人乗り）で国内のソーラーカー大会に初出場を果たす。しかし２３０㌔とボディが重く空気抵抗も大きかったことから、翌93年には2号車「Tokai 51SR」（四輪1人乗り）が開発された。世界初となるチタン製の自作フレームを採用した意欲作で技術的な注目を集めただけでなく、流線型ボディのフォルムが斬新であったことから、秋田県大潟村で開催された「ワールド・ソーラーカー・ラリー」（ＷＳＲ）において最優秀デザイン賞を受賞している。

同年、この2号車でグローバル・グリーン・チャレンジの前身であるオーストラリア縦断ソーラーカーレース「ワールド・ソーラー・チャレンジ」（WSC）に参戦。東海大学チームとして初の本格的な海外レースに悪戦苦闘しながらも平均時速40キロで走行、9日間をかけて無事に完走した。96年には2号車をベースに185キロにまで軽量化を図った改良型「Tokai Spirit」を3号車として製作。WSCに再挑戦し、平均時速45キロで8日間をかけて完走することができた。

97年以降、東海大学におけるソーラーカー研究は、学生有志が設立した「東海大学ソーラーカー研究会」と東海大学の理工系研究室連合の「東海大学ソーラーカーチーム」へと引き継がれた。

「東海大学ソーラーカー研究会」は、99年にハーフサイズソーラーカー「Tokai Trysol」を学生自らの手で完成させる。同年に開かれた「全日本学生ソーラーカーチャンピオンシップ」で最下位になるという試練を乗り越え、2000年にクラス3位と表彰台に登った後、01年から3連覇を達成、文部科学大臣賞を受賞するなどの実績を残している。

一方、「東海大学ソーラーカーチーム」は、産学連携で自動車用ニッケル水素電池の開発、急速充放電ができる電気二重層キャパシタの応用、高効率なダイレクトドライブモーターなどの開発に着手。01年に空力性能に優れた4号車「Tokai Spirit 2」を製作、同年のWSCに東海大チームとして3度目の参戦を果たし、平均時速70キロで6日間をかけて完走した。02年にはWSRで優勝するなどの成果も挙げている。

そして06年、東海大学チャレンジセンターにライトパワープロジェクトが発足。15年に及んだ東海大学のソーラーカー研究の歴史とDNAは、このライトパワープロジェクトに引き継がれている。

第１号車「かもめ50号(Tokai 50TP)」(1992年)

２号車「Tokai 51SR」(1993年)

２号車をベースにした３号車「Tokai Spirit」(1996年)

学生が製作したハーフサイズソーラーカー「Tokai Trysol」(1999年)

４号車「Tokai Spirit 2」(2001年)

エコカーが開く未来

18世紀、蒸気機関などの発明により産業革命が始まった。それまで人力や家畜に頼っていた労働力に比べて、飛躍的に大きな動力を得られるエンジンが登場したことで、食料や繊維などの生産性が上がり、人々の生活はとても豊かになった。化石燃料を燃やしてエンジンが作る人工的な動力は、安い値段で取り引きされている化石燃料の供給があればこそ、たいした苦労もなく手に入れることができるのである。たとえば1リットルの石油の価格は同量のミネラルウオーターよりも安い。その石油価格が何割か値上がりをすると世界経済が混乱するほど、私たちは石油に依存しているのである。

20世紀に入り、石油を燃料として走行する乗用車、トラック、バス、バイクなどが普及し始め、もはや自動車なしでは生活が成り立たないような状況になっている。ところが、この石油資源はあと数十年で枯渇するとされており、これに代わる新エネルギーを確保することが人類にとって重要な課題となっている。また、化石燃料を燃やしたときに発生するCO_2ガス（炭酸ガス）は、地表から宇宙へ向けて放出される赤外線の一部を吸収し、温室効果ガスとして働くことから、地球温暖化を引き起こすといわれている。

１００年後には数度程度、地球の気温が上昇するのではないかと予測され、その結果、海水が熱膨張したり氷河やグリーンランドの氷床が解けたりすることが原因となって海面が上昇し、南太平洋に浮かぶツバルなど、海抜の低い島々が海に沈むのではないかと心配されている。このような石油資源枯渇と地球温暖化の問題を解決するには、新エネルギーの確保と省エネルギー技術の推進によって石油消費を抑え込むことが必要となる。

新エネルギーには太陽光発電、風力発電、地熱発電、小水力発電など数多くの種類があるが、地熱を除けばそのほとんどが太陽光に由来するエネルギーである。つまり太陽がある限りなくなることはないため、無限のエネルギー源であるといえる。また、発電する際にCO_2ガスの発生もないため地球温暖化抑止にも効果的である。これらの新エネルギーから得られるのは、光、熱、動力など、多種多様なものに活用できる電気エネルギーである。照明に使うLED電球、エコキュートやエアコンに使うヒートポンプ、さまざまなものを動かす電気モーターなどはいずれも省エネルギー効果が高く、未来の生活に必要なものばかりだ。このようなメリットから、未来のエコカーはLEDライト、電動ヒートポンプエアコン、そして電気モーターを備えたものになるだろう。

電気モーターはガソリンエンジンやディーゼルエンジンに比べて次のような利点を持っている。

①ガソリンエンジン変換効率30%、ディーゼルエンジン変換効率40%に対して、モーター変換効率は80〜90%以上であり、エンジンよりも2〜3倍も変換効率が高い。

②発電機としてモーターを活用する回生ブレーキシステムが実現でき、エネルギーの有効利用が可能。

③新エネルギーが生み出す電気エネルギーがそのまま使える。

これらの優れた性質を持っていることから、電気モーターの動力を使った自動車が登場しつつある。

1997年、エンジンと電気モーターを兼ね備えた世界初の市販ハイブリッドカーとして、トヨタから「プリウス」が登場した。このプリウスは、ニッケル水素電池に電気を蓄え、エンジンが苦手な発進時などの動力を電気モーターが負担することで、ガソリン消費量を抑えることに成功したのである。
（注＝通常の自動車に装着されているブレーキは、ブレーキディスクにパッドを押しつけ、運動エネルギーを摩擦熱に変えてスピードを落としている。この摩擦熱で高温になったブレーキは空気で冷やされるので、運動エネルギーは大気中に捨てられてしまうことになる）

プリウスはモーターを搭載したことで、これを発電機として使用する回生ブレーキ機能を実現し、発電した電気をバッテリーに蓄えながら減速することができるようになった。この電気エネルギーは次の加速時に再利用されるのでエネルギーの利用効率が上がり、ガソリン車と比べて2倍程度の低燃費を実現した。その後、トヨタからは「エスティマハイブリッド」などが発売され、ホンダからも「インサイト」「シビックハイブリッド」が市販された。

一方、高速走行が多く加速・減速が少ない道路事情のヨーロッパでは、ハイブリッド車のメリットが生かされにくいといった理由もあり、排気ガスがきれいなクリーンディーゼルエンジンを搭載した自動車の開発が盛んとなっている。ディーゼルエンジンは圧縮比が高く、熱効率が優れていることから、ガソリンエンジンよりも高効率となる。

特にシリンダー内への燃料供給をきめ細かくコントロールできる「コモンレール式燃料噴射装置」を搭載した新型ディーゼルエンジンは、さらなる燃費向上と排気ガスに含まれるＰＭ（粒子状物質）の低減を達成。また、三菱ふそうは、尿素ＳＣＲシステムを採用することで排気ガスに含まれるＮＯx（窒素酸化物）の除去も実現する車を登場させた。

近い将来、普通のガソリンエンジン車は、ハイブリッド車や新型ディーゼルエンジン車に置き換えられ、少しずつ姿を消していくことになるかもしれない。

バッテリーに蓄えた電気エネルギーで走行する電気自動車は、走行中のCO_2ガスの排出はもちろんゼロで、ハイブリッド車や後に述べる燃料電池車といったエコカーの中で、最もエネルギー利用効率が高いことが特徴である。モーターからの排熱も少ないことから地球温暖化抑止だけでなく、都市部で起こるヒートアイランド現象の対策にも効果を発揮できる。２０１０年4月、三菱自動車から「i-MiEV」が発売され、同じ時期に日産自動車の「リーフ」も予約の受け付けを開始した。ただし1回の充電で１６０キロ程度の距離を走るのがやっとであり、長距離移動にはまだまだ課題が残されている。

この航続距離の問題を解決するため、さらに高容量なリチウムイオン電池などを実現するための研究が現在、積極的に行われている。このような高容量化を目指す研究と並行して、富士重工と東京電力は15分で電池容量の80％までを急速充電できる電気自動車と充電ステーション設備を開発し、充電時間を劇的に短くすることで航続距離が短い欠点を補おうとしている。

今後は、高容量な電池、急速充電ができる電池、そしてその両方が可能な電池など、新型電池開発の成否に電気自動車の明暗が託されているといっても過言ではない。


電気自動車の航続距離が短い問題を解決するために開発されているのが、燃料電池車とプラグインハイブリッド車である。高圧水素ボンベなどに蓄えられた水素ガスを燃料電池で電気エネルギーに変換し、電気モーターを動かす燃料電池車の代表例としてホンダ「FCXクラリティ」などがあり、多くの自動車メーカーが開発を進めている。この燃料電池は水素ガス（H_2）と空気中の酸素ガス（O_2）を消費して電気を起

日産自動車「リーフ」

Honda燃料電池電気自動車「ＦＣＸクラリティ」

トヨタ「プリウス　プラグインハイブリッド」

こすので、排出されるのは水（H_2O）であり、走行中のCO_2ガスの排出もない。また、航続距離をガソリン車並みに確保できるという長所も持っている。

しかしながら燃料電池の中で水素分子を水素原子に分離する白金触媒が非常に高価であり、地球での埋蔵量も少ないことから、白金に代わる触媒材料の開発が進んでいる。もしも水素ガスを使った燃料電池車が普及した場合、水素ガスを充填（チャージ）する水素ステーションを各地に建設する必要があり、高圧ガス保安関連法やインフラの整備についても考える必要がある。

プラグインハイブリッド車は、ハイブリッド車に搭載されているバッテリーの容量を増加させ、短距離であれば電気自動車として走行できるエコカーである。家庭用のコンセントや電気自動車用充電ステーションなどで充電することもでき、長距離移動する場合にはガソリンを消費するハイブリッド車として動くので、電気自動車とハイブリッド車の中間として位置づけられる。トヨタの「プリウス　プラグインハイブリッド」などがその実例である。海外のメーカーは、電気自動車に小型エンジンと発電機を搭載し、航続距離が不足するときにはこの発電機で作った電気で走行するというアイデアが提案されている。

当面の間はハイブリッド車やプラグインハイブリッド車が、電気自動車時代へ移行するまでのつなぎ役となるだろう。

今後は、電力を消費する住宅地や商業施設に隣接して設置された太陽光発電、風力発電、燃料電池などの分散型発電装置を結ぶ「マイクログリッド」（消費設備と発電設備が同居し、外部からのエネルギー供給がほぼない小規模エネルギーネットワーク）と、ＬＮＧ（天然ガス）火力発電、原子力発電、水力発電などの集中型発電装置から届けられる電力をミックスして使う必要が出てくるはずだ。

電気自動車を普及させるには、充電スタンドを含む「マイクログリッド」と、既存の電力網を高度に進化させた「スマートグリッド」（人工知能や通信機能を搭載した大規模エネルギーネットワーク）の技術を確立し、クリーンエネルギーへの依存度を高める工夫が必要とされるに違いない。

未来のエコカーを開発するためには、オーストラリアで開かれたグローバル・グリーン・チャレンジで優勝した東海大学チームのソーラーカー「東海チャレンジャー」で実証されたような、軽量化、低空力ボディ、高効率モーター、高容量バッテリー、低転がり抵抗タイヤなどの技術が必要不可欠となる。

自前の太陽電池で発電した電気で走行するソーラーカーは究極のエコカーであり、この考え方は未来のエコカーにも引き継がれるであろう。

監修：東海大学工学部電気電子工学科　木村英樹教授

東海大学チャレンジセンター・ライトパワープロジェクト　関係者一覧・協賛企業

グローバル・グリーン・チャレンジ 遠征メンバー

●チームマネジャー
竹内　豪（工学部電気電子工学科３年）

●ドライバー
伊藤　樹（車体班　工学部動力機械工学科２年）
徳田光太（車体班　工学部動力機械工学科４年）
佐川耕平（特別アドバイザー　富士重工業
2007年大学院工学研究科修了）
篠塚建次郎（特別アドバイザー　ラリードライバー、
1971年工学部卒業）

●セーフティオフィサー
渡辺友香里（工学部機械工学科４年）

●電気班
関川　陽（工学部電気電子工学科１年）
柳祐市郎（工学部電気電子工学科２年）
平澤浩人（電子情報学部エレクトロニクス学科４年）
清宮達也（工学部電気電子工学科４年）
加島武尚（大学院工学研究科２年）

●車体班
下崎友大（サポート　工学部動力機械工学科１年）
丸山大吾（会計　工学部動力機械工学科２年）
山崎貴行（広報　工学部動力機械工学科２年）
藤崎健太（サポート　工学部航空宇宙学科４年）

●テクニカルディレクター
池上敦哉
（ヤマハ発動機、Zero to Darwin Project主宰）

●特別アドバイザー
菊田剛広（日本ケミコン、2003年工学部卒業）
三瀬　剛（芦屋大学職員）

●プロジェクトコーディネーター
山田修司
（東海大学教育支援センター技術支援課技師補）

●プロジェクトアドバイザー
木村英樹（工学部電気電子工学科教授、
東海大学チャレンジセンター次長）

（2009年10月時点での学年・所属）

国内サポート

ライトパワープロジェクト
長幸平（情報理工学部情報処理学科教授）
東海大学チャレンジセンター
東海大学情報技術センター
東海大学宇宙情報センター
学校法人東海大学理事長室広報部広報課
東海大学学長室

協賛・協力企業

【協賛企業】
シャープ

【協力企業】
ミツバ　パナソニック　トヨタ自動車　JMエナジー　ジーエイチクラフト　日本ケミコン
日本ミシュランタイヤ　日本デジコム　商船三井ロジスティクス　ジェイテクト　サンスター
昭和飛行機工業　郵船グローバルロジスティクス　アールエスコンポーネンツ　石塚工業
三島木電子　ソーアップ

東海大学チャレンジセンターのホームページアドレス
http://www.u-tokai.ac.jp/challenge/

おわりに

「東海チャレンジャーが優勝した」との速報を受け取ったとき、私は、思わず跳び上がって大喜びしたが、着地した瞬間、一つの心配がよぎった。それは、ライトパワープロジェクトの諸君がこれで「天狗」になってしまうのではないか、というものだった。何といっても世界一だ。それも、2008年のサウス・アフリカン・ソーラー・チャレンジでの総合優勝に続く世界制覇であり、今大会で連覇を狙っていたオランダのデルフト工科大学のチームやアメリカのミシガン大学、スタンフォード大学などの強豪チームに大きく水をあけての一人旅優勝だ。普通の若者なら、少々したり顔で自慢話をするくらいは大目に見てやってしかるべき偉大な戦果である。

しかし、東海大学チャレンジセンターのプロジェクトの場合は、そういうわけにはいかない。ものつくり系プロジェクトとはいえ、戦果だけを求めてはいないからである。たとえ世界一になったとしても、その過程で「集い力」「挑み力」「成し遂げ力」という、簡単に言えば社会人として必要な人間力をメンバーの学生諸君に身につけてもらわなければ、私たちの教育プログラムとしては完全勝利ではない。私はその点に若干不安を感じてしまったのだ。

事情通はそんな心配をよそに、こう言うかもしれない。プロジェクトアドバイザーの木村英樹教授はソーラーカーの第一人者で、その指導を受けていただけでなく、シャープやパナソニックなど、日本が誇るメーカーの技術の粋を結集した世界最高水準のマシンを駆ってのレース参戦だった。その上さらに、世界的ラリードライバーである篠塚建次郎氏をドライバー兼特別アドバイザーとして迎えられたのだから、学生の力があろうとなかろうと、ある程度はこうなることは期待できた、と。

本書を読んでくださった読者の皆さんは、このような冷めた見方に同意されるだろうか。私は、同意されていないと信じている。国内での慌しい準備、レース直前の息詰まるような最終調整、張り詰めた緊張の中でのレース進行、そして、他チームとは比べものにならない少人数のメンバーしかいなかったために、そのすべてを継続的な睡眠不足の中でやらなければならなかったこと……。これらを見れば、彼らが苦闘の中で構築したチーム力こそが自らを勝利に導いたのであって、この歴史に残る快挙の栄誉は、ライトパワープロジェクトに属するすべての学生にふさわしいということが容易に了解できるはずだからである。

それにもかかわらず、いや、そうだからこそ、私は不安感を抱いた。おごりを恐れたのだ。だが、これは杞憂だった。優勝報告会での、弾けるようなさわやかな笑顔の彼らの口が発した言葉は、「ありがとうございました！」だった。国内に残留してサポートしてくれた仲間への感謝、部品や技術などを提供してくれた各企業への感謝、チャレンジセンターや大学への感謝。いずれも心のこもったものであった。

彼らは確実に成長してくれていた。いくつもの失敗や何本もの危ない橋から学んで勝利を手にしたのだろうが、彼らはこの勝利からそれ以上のものを学び取ってくれたと確信できた。祝福の握手をしながら、私は心の中で彼らに謝っていた。

東海大学チャレンジセンター所長（法学部教授）　大塚　滋

世界最速のソーラーカー
オーストラリア大陸縦断3000kmの挑戦

2010年6月24日　第1版第1刷発行

編　者　東海大学チャレンジセンター
発行者　街道憲久
発行所　東海教育研究所
〒160-0023　東京都新宿区西新宿7-4-3　升本ビル
電話 03-3227-3700　ファクス 03-3227-3701
発売所　東海大学出版会
〒257-0003　神奈川県秦野市南矢名3-10-35　東海大学同窓会館内
電話 0463-79-3921　ファクス 0463-69-5087

印刷・製本　凸版印刷株式会社

制作協力＝学校法人東海大学理事長室広報部広報課　東海大学学長室
編集協力＝東海大学新聞編集部　加瀬大　村尾由紀　山南慎之介
齋藤晋　井手ますほ
装丁＝高尾斉（BIT）
本文デザイン＝大野佐代（BIT）

ISBN978-4-486-03715-6 C0037